# 野外 3D 地质信息采集与实践
YEWAI 3D DIZHI XINXI CAIJI YU SHIJIAN

吴世泽　李茂华　朱振彪　秦双乐　著

图书在版编目(CIP)数据

野外 3D 地质信息采集与实践/吴世泽,李茂华,朱振彪,秦双乐著. —武汉:中国地质大学出版社有限责任公司,2013.11

ISBN 978-7-5625-3214-9

Ⅰ. ①野…
Ⅱ. ①吴…②李…③朱…④秦…
Ⅲ. ①三维-地质调查-信息处理
Ⅳ. ①P622

中国版本图书馆 CIP 数据核字(2013)第 230253 号

| | | | |
|---|---|---|---|
| 野外 3D 地质信息采集与实践 | | 吴世泽 李茂华 朱振彪 秦双乐 著 | |
| 选题策划:郭金楠 | 责任编辑:胡珞兰 | | 责任校对:张咏梅 |
| 出版发行:中国地质大学出版社有限责任公司(武汉市洪山区鲁磨路388号) | | | 邮政编码:430074 |
| 电　　话:(027)67883511 | 传　　真:67883580 | E-mail:cbb@cug.edu.cn | |
| 经　　销:全国新华书店 | | http://www.cugp.cug.edu.cn | |
| 开本:787 毫米×1 092 毫米 1/16 | | 字数:330 千字 | 印张:12.75 |
| 版次:2013 年 11 月第 1 版 | | 印次:2013 年 11 月第 1 次印刷 |
| 印刷:武汉珞南印务有限公司 | | 印数:1—1 000 册 | |
| ISBN 978-7-5625-3214-9 | | | 定价:38.00 元 |

如有印装质量问题请与印刷厂联系调换

# 序

　　我国改革开放以来,进入了科学技术突飞猛进的时代。现代科学技术支撑和推进了三峡工程的兴建。长江水利委员会三峡勘测研究院承担三峡工程地质勘察的历史重任,与国内外相关科技部门进行了广泛而持续的合作与交流,始终走在地质勘察技术发展的前列。在20世纪70年代开工兴建的长江干流第一坝——葛洲坝工程时,地质资料收集主要依靠大、小口径机械钻探与平硐钻爆掘进,皮尺、经纬仪—水准仪测量;地质人员的基本工具是罗盘、地质锤;室内分析计算用算盘、计算尺、米厘纸上作图,葛洲坝工程上百人的地质队自嘲为"剖面队",工作效率低、劳动强度大。高清钻孔全孔壁和平硐硐壁彩色成像,高陡边坡三维扫描和彩色成像及定位,无人机机载三维成像和摄像等技术的开发和利用,大大提高了野外资料收集的效率和精度,降低了劳动强度和风险;办公软件和各种制图软件的不断开发和改进把钻孔柱状图、地质剖面图和平面图的绘制及各种数据的统计,从纯手工纸上作业中解脱出来;电脑功能逐年提高和轻型化,特别是平板电脑的出现,成为野外地质资料收集的利器,使之取代纸质地质手簿成为现实。

　　科学技术丰富了地质勘察工作的内容、方法和手段,优化了工作的程序。

　　作者是这一时代的参与者、勤奋的工作者和思考者。《野外3D地质信息采集与实践》一书是作者从事工程地质、地震地质、岩土工程勘察数十年经验的总结和典型实例的展示。

　　本书第一篇叙述了如何将传统方法与现代科技手段相结合,收集野外地质信息;介绍了读图与制图的基本常识,野外地质摄影、地质素描和Google地图应用的方法,地质描述应当表达的内容,以及抗震救灾基本知识;阐述了如何利用上述手段和方法收集地质信息,构成各种形式的3D地质图件,为地质条件和问题的分析、判断、评价提供依据。

　　第二篇介绍了大型工程重大地质问题研究、抗震救灾等实例。三峡工程RCC围堰渗漏问题研究,用三维图将岩体风化、地质结构、渗水路径融于一体,揭示渗水体的特征,为设计处理方案提供了直观、清晰的地质依据;汶川地震紫坪铺大坝震损特征研究中,用三维图显示了坝体不同材质、不同部位的变形特征;云南大盈江地震堤防工程破坏成因研究中,将三维地质图和实地管涌照片叠加,让人有身临其境的感觉。

  本书是岩土工程勘察、水利水电工程勘察和地震次生灾害调查领域内,实现野外 3D 地质信息采集与内业整理现代化方面相结合的、有很强实用性的参考书,也可作为相关专业教学、学习的参考与补充读物。

三峡工程及乌东德水电站地质总工程师

2013 年 8 月于武汉

# 前　言

地质是一门基础理论科学，也是一门应用非常广泛的学科。工程技术人员在野外描述、记录地质现象，表达某一工程地质问题，介绍地理环境，室内分析岩(土)体工程地质特性，挡水坝、堰、堤的稳定性和渗漏分析研究，编写工程地质勘察报告及设计方案等过程中，都离不开地质科学的理论与方法。

近年来，自然灾害频发，给国家和人民生命财产造成了很大的损失，特别是地质灾害更为突出。随着我国基本建设的加速发展，地质勘察显得十分重要，因此，野外工作除了要有基本的理论知识外，还必须有非常熟练的记录方法和技巧，采用文字、符号、图像的方法，把所见到的地形地貌、地层岩性、地质构造、岩体风化、物理地质现象、水文地质特征等，进行直观而形象的描述，然后通过整理，采用现代技术进行数理统计、分析编成勘察成果，以满足建设单位和设计单位的要求。

由于野外地质工作涉及的学科多，如地貌学、古生物学、古人类学、地层学、地史学、第四纪地质学和古地理学、地震地质学、外动力地质学、冰川地质学、地质力学、大地构造学、构造地质学、火山地质学、矿物学、沉积岩岩石学、变质岩岩石学、水文地质学、工程地质学、地热地质学、环境地质学，等等。所以，野外观察和记录内容要达到一定的水平的确有个过程。根据专业知识和规范、业主和设计要求，其成果达到顾客满意的目的，必须打好基础。上述基础知识地质专业的学生在学校大部分能学习和了解到。

三十几年来，笔者在薛果夫、叶渊明教授级高级工程师的悉心指导下，负责和参与完成了多个大型工程的地质勘测工作，在勘测过程中，带过很多的大学生实习，尤其是刚毕业分到单位的同事，在与他们一起工作的过程中发现，学的专业知识谈起来条条是道，但是，在记录时却无从下笔，不知记录什么，都迫切希望尽快提高自己的工作能力和业务水平，这样就需要一本具有实用性、野外记录和室内整理相结合的综合性较强的书，比较系统地介绍如何利用 Google Earth、电子地图、手持 GPS、GAMIN Forerunner 等信息，为野外工作少走弯路创造条件；如何利用数码相机与传统的手工素描相结合,把所观察到的并且能客观反映地质分析实际的内容,详细地记录下来,快速绘制直观、清晰、简明、漂亮的三维地质图;如何将计算机中常规的运算有创造性地予以开发,对较大工程地质问题用别具一格的数据处理、分析方法,将复杂而不易很快获得的边界条件简化,提高效率,为设计方案和决策提供可靠的依据。

为了让刚出校门的广大地学工作者能很快成才,少走弯路,使其工作能力与效率迅速提高,为工程建设勘察、施工、监理及旅游事业快速发展尽微薄之力,笔者将野外地质工作体会和几个大型工程的实例编纂成《野外3D地质信息采集与实践》,以飨读者。

在本书的编写过程中,曾得到长江三峡勘测研究院教授级高级工程师满作武院长,陈又华、王正波、周云副院长,李会中总工程师对笔者的指导。高级工程师蔡毅对测量内容提出了宝贵的意见,房艳国工程师对部分图件进行了修改,研究生罗飞、杨家凯、吴昊对书中的英文资料进行了翻译和校对,在此一并表示诚挚的谢意!

感谢中国地质大学出版社为此书出版付出的很多辛勤劳动!

书中难免存在着一些缺点和问题,诚恳地希望广大读者提出批评和意见。

# 目　　录

## 第一篇　野外 3D 地质信息采集

**第一章　读图与制图基本常识** (3)
　第一节　方向和方位约定 (4)
　第二节　坐标和高程系统 (4)
　第三节　常用小博士参数设置 (5)
　　一、设置坐标系 (5)
　　二、存点和航点的应用 (6)

**第二章　罗盘的使用** (7)
　第一节　罗盘的结构 (7)
　第二节　罗盘的使用 (8)
　　一、定方位 (8)
　　二、测量产状 (8)

**第三章　Google 搜索地图** (12)

**第四章　Garmin Forerunner 与 Google 搜索地图相结合** (14)

**第五章　地质摄影** (16)
　第一节　充分利用照相机的功能和自然环境 (16)
　　一、闪光灯和遮阳伞 (16)
　　二、像素 (17)
　　三、数码变焦 (17)
　第二节　远景\近景\特写摄影 (18)
　　一、远景摄影 (18)
　　二、近景摄影 (18)
　　三、特写摄影 (19)
　第三节　照片处理操作与注意事项 (27)

**第六章　地质素描** (29)
　第一节　画素描图的目的 (29)
　第二节　画地质素描图 (29)
　　一、地质素描的形式与要素 (31)
　　二、地质素描的理论知识 (33)

  三、地质素描的步骤与方法 …………………………………………………………… (38)
 第三节 素描技巧 ……………………………………………………………………… (43)
 第四节 地质素描的内容及举例 ……………………………………………………… (44)
  一、平面图形的地质素描 ………………………………………………………… (44)
  二、立体图形地质素描 …………………………………………………………… (45)
 第五节 三维分析地质图模式 ………………………………………………………… (46)

第七章 地质点描述内容 …………………………………………………………………… (48)
 第一节 地形地貌 ……………………………………………………………………… (48)
  一、流水地貌 ……………………………………………………………………… (48)
  二、山包\山脊\山梁 ……………………………………………………………… (48)
  三、山坡 …………………………………………………………………………… (49)
  四、其他 …………………………………………………………………………… (49)
 第二节 地层岩性 ……………………………………………………………………… (49)
 第三节 岩体风化 ……………………………………………………………………… (49)
 第四节 构造 …………………………………………………………………………… (49)
  一、褶皱 …………………………………………………………………………… (49)
  二、断层 …………………………………………………………………………… (50)
  三、裂隙 …………………………………………………………………………… (51)
 第五节 水文地质 ……………………………………………………………………… (51)
 第六节 物理地质现象 ………………………………………………………………… (51)
 第七节 综合描述 ……………………………………………………………………… (51)

第八章 照片、素描与 AutoCAD 绘图 ………………………………………………………… (53)

第九章 地震地质调查及抗震救灾基本知识 …………………………………………………… (55)
 第一节 中国地震带 …………………………………………………………………… (55)
 第二节 地震相关名词 ………………………………………………………………… (58)
 第三节 地震烈度特征表 ……………………………………………………………… (60)
 第四节 资料收集 ……………………………………………………………………… (62)

第十章 统计计算方法应用——N+1 预测方法在堰塞湖应急处理中的探讨 ………… (63)
 第一节 问题提出 ……………………………………………………………………… (63)
 第二节 研究现状 ……………………………………………………………………… (63)
 第三节 堰塞湖水位上升规律分析 …………………………………………………… (64)
  一、一般规律 ……………………………………………………………………… (64)
  二、特殊情况分析 ………………………………………………………………… (64)
 第四节 实例分析 ……………………………………………………………………… (65)
  一、数学模型选择 ………………………………………………………………… (65)
  二、计算结果 ……………………………………………………………………… (66)
 第五节 讨论与结论 …………………………………………………………………… (67)

第十一章 综合运用 ………………………………………………………………………… (69)

# 第二篇 应用实例

## 第十二章 实例1 热水塘温泉成因分析 ……………………………………………… (73)
### 第一节 研究目的与绘图说明 ……………………………………………………… (73)
### 第二节 基础资料 …………………………………………………………………… (73)
一、地形地貌 ……………………………………………………………………… (73)
二、地层岩性 ……………………………………………………………………… (74)
三、地质构造 ……………………………………………………………………… (74)
### 第三节 断层基本特征 ……………………………………………………………… (75)
一、空间展布特征 ………………………………………………………………… (75)
二、断层带特征 …………………………………………………………………… (78)
### 第四节 断层活动性研究 …………………………………………………………… (80)
一、宏观特征分析 ………………………………………………………………… (80)
二、微观特征分析 ………………………………………………………………… (80)
三、活动年代研究 ………………………………………………………………… (82)
四、活动性评价 …………………………………………………………………… (82)
五、温泉活动与地热分布特征 …………………………………………………… (82)
### 第五节 结 论 ……………………………………………………………………… (89)

## 第十三章 实例2 雅江韧性剪切带成因及活动性分析 ……………………………… (90)
### 第一节 研究目的与绘图说明 ……………………………………………………… (90)
### 第二节 区域地质背景 ……………………………………………………………… (91)
一、地形地貌 ……………………………………………………………………… (91)
二、地层岩性 ……………………………………………………………………… (91)
三、大地构造分区 ………………………………………………………………… (91)
四、区域构造特征 ………………………………………………………………… (93)
### 第三节 韧性剪切带的形成演变 …………………………………………………… (93)
一、前震旦纪结晶基底形成时期 ………………………………………………… (94)
二、华力西期构造活动时期 ……………………………………………………… (95)
三、燕山运动构造活动时期 ……………………………………………………… (95)
四、喜马拉雅运动构造活动时期 ………………………………………………… (95)
### 第四节 韧性剪切带特征 …………………………………………………………… (95)
一、韧性剪切带基本特征 ………………………………………………………… (99)
二、韧性剪切带的运动学特征 …………………………………………………… (100)
三、岩石变形变质特征 …………………………………………………………… (101)
四、韧性剪切带中岩石镜下特征 ………………………………………………… (102)
五、糜棱岩显微构造分析 ………………………………………………………… (110)
六、韧性剪切带工程地质特征 …………………………………………………… (111)
七、韧性剪切带活动性 …………………………………………………………… (112)

第五节　结　论 ································································································· (113)

第十四章　实例 3　断层活动性调查 ············································································· (115)
 第一节　应用 Google Earth 搜索地图与绘图说明 ···················································· (115)
 第二节　背景资料 ······························································································· (115)
 第三节　断层空间展布特征 ·················································································· (116)
 第四节　断层带特征 ···························································································· (116)
 第五节　断层活动性分析 ····················································································· (118)

第十五章　实例 4　抗震救灾——汶川地震高烈度区水利水电工程震损特征及规律 ······ (120)
 第一节　研究目的与绘图说明 ·············································································· (120)
 第二节　地震地质环境 ························································································ (120)
  一、区域地质背景 ····························································································· (120)
  二、地震简介 ···································································································· (120)
 第三节　水利水电工程简介 ·················································································· (121)
  一、工程概述 ···································································································· (121)
  二、坝基地质条件 ····························································································· (122)
 第四节　工程震损特征及规律 ·············································································· (122)
  一、工程震损特征 ····························································································· (122)
  二、震损成因及规律 ·························································································· (123)
 第五节　防震抗震问题及经验 ·············································································· (124)
  一、大坝防渗问题 ····························································································· (124)
  二、成功经验 ···································································································· (124)
 第六节　讨论与结论 ···························································································· (125)

第十六章　实例 5　抗震救灾——大盈江堤防工程震损特征及应急处置方案探讨 ········· (127)
 第一节　研究目的与绘图说明 ·············································································· (127)
 第二节　地质环境与地震概况 ·············································································· (127)
  一、区域地质环境 ····························································································· (127)
  二、地震简介 ···································································································· (127)
 第三节　堤基地质条件及主要工程地质问题 ·························································· (128)
  一、堤基地质条件 ····························································································· (128)
  二、主要工程地质问题 ······················································································ (128)
 第四节　堤防工程震损特征与成因分析 ································································· (128)
  一、堤防工程震损特征 ······················································································ (128)
  二、成因分析 ···································································································· (129)
 第五节　应急处置方案 ························································································ (130)
  一、裂缝处理 ···································································································· (130)
  二、管涌处理 ···································································································· (131)
  三、其他处理措施 ····························································································· (131)
 第六节　结论与建议 ···························································································· (131)

## 第十七章　实例6　三峡基岩深槽形成机理研究 (133)
### 第一节　研究目的与绘图说明 (133)
### 第二节　牯牛石深槽顶端地质条件 (133)
### 第三节　基岩面冲蚀形态 (134)
一、冲蚀形态的几何特征 (134)
二、影响冲蚀形态的因素分析 (134)
### 第四节　冲蚀地貌的形成机理 (136)
### 第五节　结　论 (137)

## 第十八章　实例7　三峡RCC围堰渗漏分析 (139)
### 第一节　研究目的与绘图说明 (139)
### 第二节　引　言 (139)
### 第三节　工程概况 (140)
### 第四节　地基处理 (140)
### 第五节　涌水原因分析 (140)
一、地质原因 (140)
二、冲刷原因 (143)
三、蓄水原因 (144)
### 第六节　渗水处理方案分析 (145)
一、设计依据 (145)
二、设计方案 (145)
### 第七节　讨论与结论 (147)

## 第十九章　实例8　岩土工程——三峡大坝上游靠船墩地基条件与评价 (150)
### 第一节　研究目的与绘图说明 (150)
### 第二节　场地基本地质条件 (150)
一、地形地貌 (150)
二、气候与水文地质 (150)
三、岩性 (151)
四、岩体风化 (153)
五、岩土（体）物理力学性质 (154)
### 第三节　主要工程地质问题 (154)
一、挖孔成型问题 (154)
二、持力层不均一性问题 (155)
### 第四节　各靠船墩地基工程地质条件及评价 (155)
一、1号靠船墩 (155)
二、2号靠船墩 (156)
三、3号靠船墩 (157)
四、4号靠船墩 (159)
### 第五节　结　论 (160)

## 第二十章 实例9 岩土工程——猴石风电场13号塔基条件与评价 (161)

### 第一节 研究目的与绘图说明 (161)
### 第二节 工程简介 (161)
### 第三节 基本地质条件 (161)
一、地形地貌 (161)
二、地层岩性 (162)
三、岩体风化 (162)
四、地质构造 (162)
五、水文地质 (163)
六、岩(土)体的工程地质特征 (163)
### 第四节 主要工程地质问题 (163)
一、风机塔基稳定问题 (163)
二、人工边坡稳定问题 (164)
三、安装场地不均匀沉陷问题 (164)
### 第五节 工程地质条件与评价 (164)
### 第六节 结论与建议 (166)

## 第二十一章 实例10 岩土工程——西气东送工程孝昌接收站地基条件与评价 (168)

### 第一节 研究目的与绘图说明 (168)
### 第二节 拟建工程概况 (168)
### 第三节 基本地质条件 (169)
一、地形地貌 (169)
二、地质构造 (169)
三、地层岩性 (171)
四、水文地质 (173)
五、岩土体物理力学性质 (175)
### 第四节 场区水、土腐蚀性评价 (175)
一、水的腐蚀性判定 (175)
二、场地土的腐蚀性 (175)
### 第五节 场地工程地质评价 (176)
一、场地稳定性评价及适宜性评价 (176)
二、场地工程地质条件及评价 (176)
### 第六节 场址区各建筑地基选择及评价 (177)
### 第七节 结论与建议 (178)

## 第二十二章 实例11 三峡链子崖 $T_2$ 裂缝变形分析 (180)

### 第一节 研究目的与绘图说明 (180)
### 第二节 基本地质条件 (180)
一、地形地貌 (180)
二、地层岩性 (181)

  三、构造 …………………………………………………………………………（182）
 第三节 人类活动调查 ………………………………………………………（183）
 第四节 裂缝平面延伸长度分析 ………………………………………………（183）
  一、数据采集 ……………………………………………………………………（183）
  二、数据分析 ……………………………………………………………………（183）
  三、分析与验证 …………………………………………………………………（183）
 第五节 结 论 …………………………………………………………（184）
**参考文献** ………………………………………………………………………………（185）
**附表和附录** ……………………………………………………………………………（186）
 附表一 中国年代地层表、地质代号及构造运动 ……………………………（186）
 附表二 地层时代表从老到新速记法 ………………………………………（187）
 附表三 常见岩石种类简表 …………………………………………………（188）
 附录一 经\纬度之间距离计算 ………………………………………………（189）

# 第一篇

## 野外3D地质信息采集

# 第一章 读图与制图基本常识

地质信息采集是一项体力劳动和脑力劳动相结合的综合性很强的智能劳动,也是地质勘测的基础工作。野外地质调查或测绘是要将观察到的地形地貌、地层岩性、岩石风化、断层裂隙、物理地质现象等采用专用记录卡片(记录簿)记录、摄影录像、素描等手段和方法,经过统计和分析后,把这些信息在地质图和地质报告中反映出来,为工程建设或矿产开发提供依据。计算机、网络技术、卫星定位系统、数码相机、Google 地图搜索、Garmin Forerunner 等先进技术运用到地质勘测行业中,大大提高了成果质量和工作效率。如图1-1所示是笔者采用 Garmin Forerunner 和 Google 地图搜索相结合反映长江第一湾地貌形态和调查过程中行走的路线;利用这些高科技产品将野外地貌特征、地质内容融于一体,工作起来十分方便、快捷,为提供三维可视化地理、地质信息创造了条件。但是,由于野外地质工作受自然环境、地域的影响及上述高科技产品应用的局限性等,手工记录和传统的地质素描图是不能不掌握的。《野外 3D 地质信息采集与实践》就是笔者 35 年来的野外实践、高科技产品应用与传统地质素描相结合的体会,编写本书旨在让同行们少走弯路。

图 1-1 长江第一湾

(图片为 Google 地图,曲线为 Forerunner 305 记录的地质调查线路)

地质工作离不开地形图，计算分析更要熟悉和了解坐标与高程，同时坐标与高程也是正确编制三维地质图必须用到的基本要素。不同比例的地形图所用的坐标不同，一般小比例尺（如1∶100万）大范围地形图用的是大地坐标，即图上某一点的平面位置用大地经度（L）和大地纬度（B）表示，其单位为度、分、秒；中等比例尺（如1∶20万）图上一般情况下是既有大地坐标，又有直角坐标，也就是说，图框上既标有经纬度又标有公里数，$X$ 表示纵轴方向的公里数，$Y$ 表示横轴方向的公里数；大比例尺（如1∶1万）的地形图上一般情况下只标有直角坐标。

## 第一节　方向和方位约定

地图上的方向规定上北（N）下南（S），左西（W）右东（E），其方位角见图1-2(a)。地质图除了与之相同的规定外，还有河流方位的约定：人站在河流中，面对水流方向为下游，背对的相反方向为上游；如果河中有坝，那么，坝的下游为背水侧，坝的上游为迎水侧；人体面向水流方向，左手所指的一侧为左岸，右手所指的一侧为右岸。如果河的一侧有堤防工程，那么，堤防迎水面的一侧为堤外，反之，为堤内。有时图面布局坐标和高程系统需要将图旋转，必须标明正北方向，并尽量不要将北指向南（包括南东和南西），但等高线的注记数字的头要朝向高程递增的方向，不受正北的约束。

## 第二节　坐标和高程系统

一般说来，我国地形图采用的平面坐标系有蛇山坐标系、北京坐标系、大地坐标，工程建设还采用自由坐标系（有的也称为桩号）；高程也是一样，地形图所采用的高程有黄海高程、吴淞高程、国家84高程等。上述平面坐标系与数学解析几何中用的直角坐标4个象限是不同的[图1-2(b)、(c)]，其原因是由于测量工作中以极坐标表示点位时其角度值是以北方向为准，按顺时针方向计算的，而数学中则是以横轴为准按逆时针方向计算的，把 $X$ 轴与 $Y$ 轴纵横互换后，数学中的全部三角函数公式都同样能在测量中直接应用，不需作任何变更。随着科学技术的飞跃发展，轻便型野外定位仪器常常用于地质调查和测绘中。有时进行区域地质调查精度要求不是很高时，用大地坐标经度（L）纬度（B）把所在位置的点及时标在图上是很方便的，还有个好处就是穿过大范围时无需调整仪器上的设置参数；但是，在大比例尺图上用直角坐标的 $X$、$Y$ 记录地质点的所在位置，用经纬度就上不了图，因为大比例尺的地形图一般没有经纬度，同时误差也太大，跨带时需要调整手持GPS上的设置参数，如何调整将在第三节中给予介绍。

在用地形图作为底图编制地质图时，各平面坐标、高程系统起算点是不同的，相互之间有一个差值，因此，地质人员拿到一幅从测绘单位购买的地形图时，务必看清坐标系统和高程系统，并要在编制的地质图上予以说明。

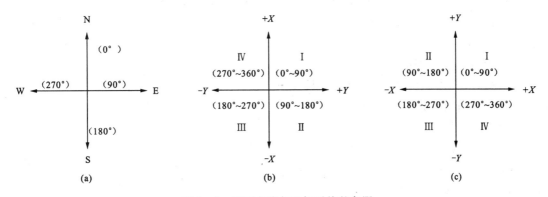

图 1-2 平面方位与坐标系统的象限

(a)为平面坐标的方位:平面图上的方位是上北(0°)下南(180°),左西(270°)右东(90°);(b)为测量坐标系:Ⅰ、Ⅱ、Ⅲ、Ⅳ象限是顺时针方向。北东为第Ⅰ象限,南东为第Ⅱ象限,南西为第Ⅲ象限,北西为第Ⅳ象限;(c)为数学坐标系:Ⅰ、Ⅱ、Ⅲ、Ⅳ象限是逆时针方向。北东为第Ⅰ象限,南东为第Ⅱ象限,南西为第Ⅲ象限,北西为第Ⅳ象限

# 第三节　常用小博士参数设置[①]

## 一、设置坐标系

常用小博士可测直角坐标和大地坐标系统之坐标。前已述及,不同的比例尺地形图测记不同的坐标。

现将直角坐标系设置方法简介如下:

菜单→设置→单位→位置格式→User Grid(地图基准选 user);

输入中央经线(需要计算,方法附后):如 E111°00′00″,E 表示东经

投影比例:1.00000000

东西偏差($Y$ 坐标):00500000.0

南北偏差($X$ 坐标):00000000.0

然后按"存储"保存设置。

经纬度坐标系设置方法如下:

菜单→设置→单位→位置格式→"hddd°mm′ss. s″"(地图基准默认为 WGS84)

一般默认是 WGS84 坐标系。

校正:获得已知点坐标并找到这个已知点,如 $X=3413000,Y=500000$,将手持 GPS 在已知点上放置 8min 以上,记下实测坐标,如 $X=3413050,Y=499990$,比较实测坐标与已知坐标的差值,$\Delta X=-50,\Delta Y=10$,通过以下两项参数的修改使两者一致,即

东西偏差($Y$ 坐标):　00500010.0

南北偏差($X$ 坐标):-00000050.0

---

① 此说明根据长江三峡勘测研究院蔡毅高级工程师编写的手持 GPS 使用及操作步骤修改。

点校正后的精度视环境的不同而不同,平原地区较好,最高可以达到1~2m。

使用默认参数值(东西偏差500000.0,南北偏差00000000.0)获得的坐标一般都与实际坐标差20~60m。

每个地区的参数都不一样。

三参数(一般为默认值,不需要更改)

菜单→设置→单位→地图基准→user

Delta A:一般设为　－108

Detla F:一般设为　＋0.00000050

Delta X:一般设为　0

Delta Y:一般设为　0

Delta Z:一般设为　0

## 二、存点和航点的应用

菜单→存点

按"确定"存入当前点。存点号可以编辑,如果要获得经纬度,则需将坐标系设置成大地坐标模式(经纬度模式)。

菜单→航点

编辑航点坐标为目的地坐标(点号可以重新编辑),选择"去"则进入导航模式。如果右栏窗口中显示"———"无法选择航点(一般为字母开头的点),则需先用该字母开头先"存点"来增加此类编号才能编辑。

现在导航的高科技产品越来越多,其使用方法大同小异,具体操作见各产品的说明书。

# 第二章 罗盘的使用

罗盘(指南针)在中国发明历史悠久,用途广泛。地质工作者用得更为广泛,如追踪溶洞、暗河的走向,勘探平硐定向,测量结构面的产状等。由于市场上罗盘的结构大同小异,其测量原理是一样的,因此,任选了一款常用的罗盘,将其结构和使用方法作简单的介绍。

## 第一节 罗盘的结构

罗盘的结构很简单,一般由罗盘盖①、罗盘底座⑯、用于测方位和倾角的刻度盘⑬、磁针③和⑤、水准器④等构件组成(图2-1)。罗盘仪刻度盘是一反时针方向的刻度,其中北(N)向标注0°,东(E)向标注90°,南(S)向标注180°,西(W)向标注270°。

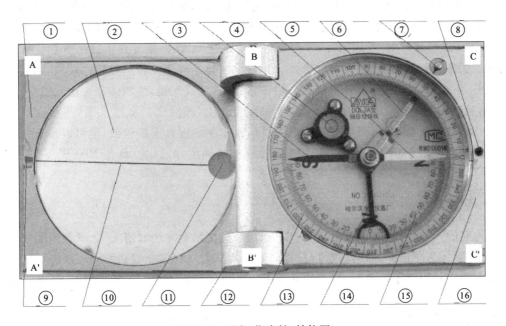

图2-1 罗盘(指南针)结构图
①罗盘盖;②反光镜;③磁针(绕铜丝黑色针);④调平水准器;⑤磁针(无铜丝白色针);⑥指南针锁定装制;⑦锁定按钮;⑧测方位(走向)瞄准准心;⑨测方位(走向)对准缺口;⑩瞄准轴线;⑪瞄准孔;⑫测倾角度盘;⑬测方位(走向)和倾向水平度盘;⑭测角器;⑮测倾角垂直度盘;⑯罗盘底座

## 第二节　罗盘的使用

罗盘仪的盖①ABB′A′用BB′轴连接在罗盘底座上标有S一边，打开罗盘盖（如图2-1状态），此时，CBA(C′B′A′)指的方向读绕有铜丝的磁针（指南针，以下称磁南针，对应的另一端那根针称磁北针）所指的刻度（如图2-1中刻度读数为182°）。旅游者了解这一点就行了。但在野外地质工作中，罗盘除了定方位外，还要测量岩层、结构面的产状。

### 一、定方位

提到用罗盘定方位，有人会说现在是信息高速发展时代，还用得着用罗盘来定位吗？回答是绝对用得上的，因为罗盘不受有无卫星信号的影响，无论是在洞内还是在山区随时都可以使用，但要注意的是在施工场所钢架多和磁场发生较大异常的地方，测量是可能会受到很大影响的。

确定方位和测量某物体的方位是旅游者和野外地质工作者应具备的最基本的技能。在定点或要去某目的地时，首先要做的就是测量观察点位于某目的地或地物的方位。具体操作步骤如下：打开罗盘盖①，放松制动螺丝⑥和⑦，让磁针自由转动。当要找的目的地距量测点很远时，首先把携带的图摊开，将图上正北与实地正北对准，具体操作方法是把罗盘盖BA(B′A′)棱与图上指北箭头中心线平行，然后同步旋转图和罗盘，直到绕有细铜丝的那根针指着罗盘上的N为止。此时地形图（或地图）的方向是与实地正北一致的，接着找到自己所在位置与目的地的方位关系，就可确定往何方向前进了。当被测物体距测量点较近且物体较高大时，把罗盘放在胸前，罗盘的缺口和瞄准孔对准被测物体，然后转动反光镜，使物体映入反光镜中，并使物体、短瞄准器的尖⑧及反光镜的中线⑩位于一条直线上，同时保持罗盘水平（圆水准器的气泡居中），当磁针停止摆动时，即可直接读出磁针所指水平刻度盘上的读数，也可以按下控制器再读数；读数是很关键的，初学者常常读错指针所指的刻度。记住罗盘盖BA(B′A′)所指的方向，始终读磁南针所指的刻度。

### 二、测量产状

结构面的产状包括走向、倾向、倾角3个要素，直接测量方法如图2-2所示。图中的(a)、(b)、(c)分别为测量走向、倾向、倾角；直接测量和换算方法详细介绍如下。

以岩层产状为例予以说明，岩层走向是层面（为了叙述方便，由$B_1B_2B_3B_4$构成的面简称"面B"，由$A_5A_6A_7A_8$构成的面简称"面A"）与水平交线的延伸方向（图2-3中$B_1B_2$等）；岩层的倾向是岩层面上的倾斜线在水平面上的投影所指的方向（图2-3中$bb'$等），与走向线垂直；倾角是面上倾斜线与水平面的夹角（图2-3中的α角）。

测量岩层走向时，将罗盘的棱ABC(A′B′C′)（即与罗盘刻度盘上标有与N、S相平行的罗盘盖或罗盘底座的棱）与层面紧贴，然后缓慢转动罗盘，注意在转动罗盘的过程中，罗盘紧靠层面的那条棱或面的任何一点都不能离开层面，使圆水准器的气泡居中，磁针停止摆动，这时读出磁针所指的数即为岩层之走向。读磁北针或磁南针都可以，因为岩层的走向是朝两个方向延伸的，相差180°，但是，在统计时一般记0°~90°、270°~360°，即测量坐标的Ⅰ、Ⅳ象限。

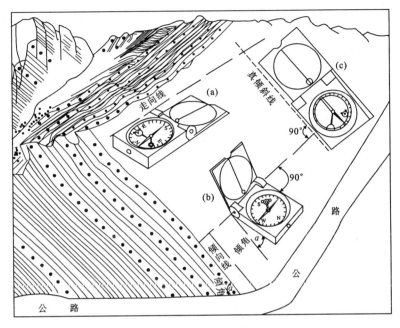

图 2-2 产状三要素直接测量方法示意图

测量岩层倾向有两种方法：一种是直接测量，另一种是用观测者面对的方位进行换算。第一种方法，罗盘如图 2-2 中(b)放置，将罗盘的盖或南端(标有 S)的一条棱紧靠岩层面，这时长瞄准器指向与岩层的倾向一致，并转动罗盘，直到调平气泡居中，当指针不摆动时，就可读数，如图 2-2 和图 2-3B 处应读磁北针所指的读数；图 2-3A 处则要读磁南针。为便于记忆，图 2-3 将结构面的倾向线/人体测产状时的背脊线概化成平行状态($bb' // B_1B_4$)和"人"字形($aa'$ 与 $A_8A_5$)两种情况，观测者背脊线与倾向线平行时，读磁北针所指的读数；观测者背脊线与倾向线相反，构成"人"字形时，读磁南针所指的读数。

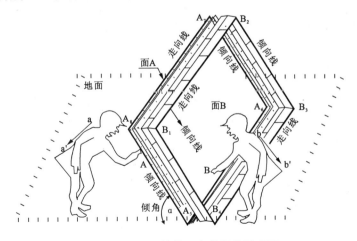

图 2-3 测量结构面产状概化示意图

在测岩层产状时,一般只测地层的倾向和倾角,而岩层走向可用倾向加、减 90°(270°)计算出来。但是,有时受条件限制,直接测倾向不好测,本书介绍一种方位法,即观测者面对前方观察结构面倾向,用罗盘的棱 ABC(A′B′C′)与结构面走向平行或紧贴,始终读磁南针所指的方位角,通过计算得出结构面的倾向(图 2-4)。

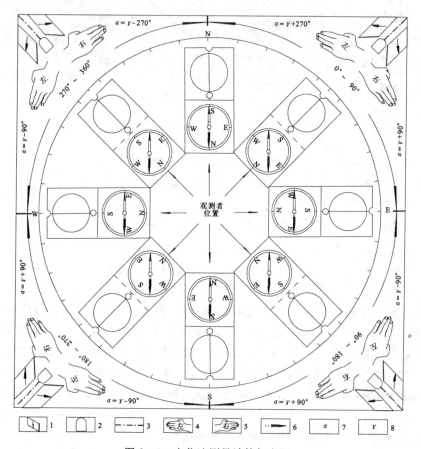

图 2-4 方位法测量计算倾向图

1. 结构面倾向;2. 硐口;3. 硐轴线;4. 观测者左侧;5. 观测者右侧;6. 指南针;7. 结构面倾向角;
8. 指南针所指方位角

根据图 2-4 总结出用走向(注意:走向有两个角度,为了便于记忆和方便计算,本方法只用磁南针所指的角度参与计算),计算结构面倾向的公式见图 2-2。

现将具体测量和计算方法予以说明:

(1)观测者面向所测结构面,打开罗盘盖,用罗盘盖(或底座)与标有 S、N 两字母连线平行的一条棱边,紧贴或平行结构面的走向线,读出并记下磁南针所指的走向角度。

(2)观察结构面倾向是倾向左手侧还是倾向右手侧,按照 4 个象限的角度进行计算。如在区间(0°～90°)(不包括 0°和 90°,其余区间也一样)内测得走向为 20°,结构面倾向观测者左手侧,则倾向角 $\alpha=\gamma+270°=290°$;如果结构面倾向观测者右手侧,则 $\alpha=\gamma+90°=110°$。

(3)结合图 2-2 简便记忆:(0°～90°)区间,倾左"+"270°,倾右"+"90°;

(90°～270°)区间,倾左"-"90°,倾右"+"90°;

(270°～360°)区间,倾左"-"90°,倾右"-"270°。

走向为 SN 时,面向 N,左 W 右 E,面向 S,左 E 右 W;

走向为 EW 时,面向 E,左 N 右 S,面向 W,左 S 右 N。

测倾角,不同的厂家生产的罗盘有不同的控制测倾角的指针,大体上分自动和手动两种。无论哪一种,测倾角时都是使罗盘的 CBA($C'B'A'$)边紧靠岩层面,并与倾斜线重合,转动底面的手把或按下控制器,使测斜器上的水准器气泡居中,这时测斜器上游标所指半圆刻度盘的读数即为结构面倾角的读数。

注意:走向有两个方向,而倾向只有一个方向。倾角要视层面的平整情况而定。若层面为波状时,倾角可测最大和最小值,并记区间值;若层面为起伏不平,或层面出露面积太小,可用记录夹平放在层面上再测。

# 第三章　Google 搜索地图

提到 Google 搜索地图,这是很多人都非常熟悉的,当然一定要交费注册后再使用。但如何巧妙地将其应用到地质工作中去是有诀窍的。如根据 Google 搜索地图查找位置,选择最经济、最适用的地质调查路线,有些地段摄影不方便,而且拍不到较全面的照片,利用 Google 搜索地图进行裁剪影像显示的槽谷、陡崖等,能判断区域性断层的延伸方向和地貌特征;利用影像显示的颜色判断地层岩性的差别,分析区域性断层穿过的位置,相当于室内对要进行地质工作的区域进行"卫片解译",追踪泥石流的分布范围,调查滑坡体的形态、危岩体裂缝的分布特征等。

Google 搜索的地图立体视觉性好,反映地物真实感强,使人有不出门便能看天下千姿百态的美景之感。因此,灵活地运用 Google 搜索的地图,采用不同比例的图像由远及近,放大特写,经过旋转、注解、描绘等处理,即可作出一幅真实、内容丰富的地质图,既能看清问题的实质,又具有说服力强的特殊效果。见图 1-1 就是 Google 搜索的地图,经过旋转后长江第一湾的形态逼真,北面的山谷轮廓分明,金沙江中的江心洲、水流等十分清晰,周边交通路线一目了然。

图 3-1 是怒江在蚌东和勐波罗河处发卡状河湾 180°大转弯地貌特征,如果用方位描述是不容易说清楚的,一幅图就一目了然。还有很多范围大、照相不能拍下的特殊地貌,有了 Google 搜索的地图就能随手剪来,应用自如了。当然,在实际应用中,有很多技巧,如正北方位看 Google 搜索的地图,常常出现视觉的错觉,河流看成了山脊,山脊看成了河流,此时,不妨将正北朝南,分清水系和山岭,搜索自己要找的与地质信息相关的内容。旋转不同的方位看立体效果是不同的,在实践中可根据自己的需要而选择旋转角度,以达到立体效果最佳状态。

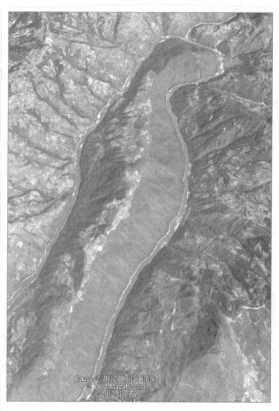

图 3-1　怒江在蚌东—勐波罗河段
形成发卡状河湾

图 3-2 是金沙江右岸 2010 年 5 月用 Google 搜索的地图影像,岸坡无新的滑坡。同年

6~8月雨季过后，2010年9月Google搜索的地图影像右岸产生了新的滑塌（图3-3），因此，在水利水电工程或其他大型工程勘测范围内，随时利用Google搜索地图，跟踪测绘时发现有裂缝部位的变形情况，对工程周边地质条件发生的变化可搜索到非常有价值的信息。

图3-2　金沙江右岸2010年5月未滑坡影像　　图3-3　金沙江右岸2010年9月滑坡影像

Google搜索地图进行解译，方法可参考航片解译，不同的是Google搜索地图无须用两张相片叠加看立体效果，只要旋转图就能看出立体图像，再根据色彩判断地质内容，如区域性断层槽地、断层迹线、线性山脊、断层三角面、大型滑坡、危岩体，水文地质调查岩溶漏斗、大型湖泊、水库、泉水点等都能得到相关信息，按Google搜索地图所显示的大地坐标现场进行调绘核实，能起到事半功倍的效果。

# 第四章　Garmin Forerunner 与 Google 搜索地图相结合

地质勘测除了用平面图作为依据外，随着科学技术高速发展，新的勘测手段和方法给地质工作者带来很多方便，如过去用得较多的航、卫片解译等，自从有了 Google 搜索地图后，很多地质勘测者把平面地质图与 Google 搜索地图叠加，为分析和评价提供了可观性强、三维效果真实的地形地貌、地质信息。

2009 年，笔者发现 Garmin Forerunner 305 GPS 运动手表是中文卫星导航仪，能及时记录个人运动状况，并将运动的时间、距离、坐标、高程等信息与 Google 搜索地图同时反映在图上，于是，笔者购买了 Garmin Forerunner 305 GPSua，工作中与 Google 搜索地图相结合，分别在怒江、金沙江、滇中引水等大型工程的区域地质勘测和活动断裂调查，飞来峰调查，大盈江、芦山抗震救灾中应用，对于追踪区域性断裂，大型滑坡、飞来峰边界及震损范围的确定等效果很好。

图 4-1 是追踪龙蟠-乔后断裂在白汉场水库北和南边出露位置记录的调查线路。由于沿断裂交通不便，地形地貌复杂、植被茂密，覆盖层厚度大，断裂露头点极少，为了少走弯路，笔者在野外跑了两次后，利用 Garmin Forerunner 305、GPS 与 Google 搜索地图相结合记录的线路，在室内对照后与原有的地质图叠加，拟定下一步工作路线和方法，达到了预期的目的。

具体方法如下：

(1) 从 Google 搜索地图影像上选定断裂可能的露头部位。

(2) 在已记录的野外线路上寻找可以追踪断裂的其他路线，使不同的追踪路线互相交叉或者封闭。

(3) 野外用手持 GPS 按室内设计的追踪线路定点，如果找到断裂露头，则按大纲或工作细则的要求描述和绘制随手剖面，并记下描述露头点的时间、坐标和高程，便于与照片相对应；如果没有找到断裂，继续按设计路线前行，直到找到为止。

(4) 为了让行程路线所记录的信息与 Garmin Forerunner 305 GPS 记录的信息对应，需要把沿途所见的地质现象记录下来，如地层岩性、地层产状等。

(5) 记录所有的断层点后，当天的资料当天整理，为相关专业进一步做勘探工作、中间检查和专家审查现场确认成果的正确与否奠定基础。

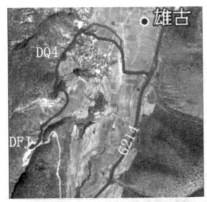
(a) D处基岩和第四系断层剖面位置

(b) B处基岩断层露头位置

(c) A处断层挤压揉皱特征位置

(d) 龙蟠-乔后断裂调查线路图

(e) C处断层挤压揉皱特征位置

图 4-1　滇中调水工程龙蟠-乔后断裂调查线路

注:(d)是龙蟠-乔后断裂西支调查线路位置分布总图;(a)是 D 处砂厂开挖揭露基岩断层点,$DQ_4$是地震导致地表破裂点追踪线路;(c)是 A 处砂厂开挖揭露的基岩、产状和岩体揉皱现象揭露点;(b)是 B 处地表裸露基岩产状及断层角砾岩带;(e)是 C 处揭露的基岩产状和挤压揉皱带

# 第五章 地质摄影

以前地质工作者的罗盘、地质锤、钢卷尺三件宝,现在加上照相机和手持 GPS 共五件宝了,其中照相机是用得较多的工具之一。

对于现在的年轻人来说,照相是很简单的事,但地质照片要能反映地质现象和地质问题,抗震救灾拍摄照片用来分析地震对建筑物的破坏规律,不是随便拍就能达到这些目的的。有几次同事请专门摄影师拍摄的照片,表达意思不一样,与地质工程师拍摄的照片进行对比,摄影师拍摄的照片没有表达出地质工作者所要表述的内容。地质照片要有层次,让人看了就明白拍摄者的意图和想要表达的意思,其主体是地质信息。其方法可采用远景、近景、特写 3 个不同层次的照片来灵活运用,通过后期处理达到理想的效果,当然,如何运用摄影技术和一些摄影技巧也是很重要的。

## 第一节 充分利用照相机的功能和自然环境

现在地质工作者用的数码照相机的功能,近距离、内置闪光灯等功能在强光、一部分强和一部分阴光下摄影,暗光(洞内)环境下摄影很有用。要更好地发挥数码相机上所有功能的作用,如像素的大小、相机微聚焦功能、拍摄物体的复杂细节、去除红眼、在微弱光线下摄取影等。连拍功能用于拍摄较大范围内的地形地貌特征,地层岩性的性状、岩体的风化特征,构造迹线的展布、地震破裂带(裂缝)形态,多级开挖边坡、坝址开挖形态等。

### 一、闪光灯和遮阳伞

相机上的小闪光灯能在光线较暗的洞内或是晚上进行拍摄。不足的是内置闪光灯的光线聚集范围很窄,不能像单独的光源那样起作用。用内置闪光灯拍摄的照片通常会显示一束小而明亮的光线,散在相片周围的阴影上。在白天拍摄外景时,闪光灯也最有用。强烈的阳光可能会在拍摄物上留下阴影,而闪光灯的瞬间光线是消除这些阴影的理想工具。

虽然辅助闪光灯能极大地扩大光照功能,但要获得好的效果还需要多拍摄几张从显示屏上看效果,通过镜头的角度变化使闪光灯的光线照射到物体上拍摄的照片效果最佳。专业摄影工作室闪光灯带有模拟光线,能显示闪光的大致强度和方向,但是,这些闪光灯非常昂贵,在野外携带、操作复杂,也不方便,在地质勘探工作中,溶洞、勘探硐中拍摄照片是经常遇到用光问题的,溶洞中接电源是很困难的,因此,溶洞中只有用照相机自带的闪光灯了。

一般勘探硐中接有电源,碘钨灯在硐内或是晚上拍摄时效果不错。一般内置闪光灯会引起红眼,特别是硐内有水和光滑的结构面具有反光的特性。此时要拍摄清晰的照片就要增强光的亮度,如采用碘钨灯使所拍摄范围内大面积光线强弱一致。因为这个原因,建议采用碘钨灯,能提供不间断的照明。它们使用的是高功率的灯管,一般从 500~1 000W 不等,能产生非常强的光线。有了碘钨灯,在按下快门前,就可以非常清楚地看到被拍摄物的光照,并对光线的位置或是角度作相应的调整。按着快门不按到拍摄的位置,当所拍物上有一亮光所指的部位就是要拍摄的内容时,再继续按下快门完成拍摄。关于洞内拍摄,长江三峡勘测研究院申请的快速编录法专利有详细的说明,在此不赘述。

有时在野外工作,拍摄地质照片近景或特写时,人的影子很容易影响效果。要等阴天或天上吹来一片厚厚的云遮蔽阳光是不切合实际的。最好的办法是用大一点的伞,使所要拍摄物体处的光线相同。

实践证明,一天中最好的野外拍摄时间是早上和傍晚。应尽量避免中午拍摄,太阳的位置会在拍摄物体上留下明显的阴影。但早上常常有雾、霾等而不能拍摄远景,这就要了解工作区域的天气变化特征。如我国西南的重庆、贵州为多雾地区,在这些地区从事地质工作必须等雾散去后才能拍摄远景。

拍摄对象不要直接面对太阳。拍摄者可以走到与拍摄对象顺光的地方,或者身体一侧朝着太阳或背对太阳。这就要安排好工作地点,一般是上午在东边拍摄西边的远景、东边的近景和特写;下午在西边拍摄东边的远景、西边的近景和特写;在拍摄近景时也会遇到阴影问题,可以用伞或记录夹给拍摄者建立一个遮阳处,且镜头尽量不要穿过强光。

## 二、像素

大家知道,像素越大,照片的内容放大的次数也多,且不成为马赛克方块,文件也越大,所以同样大小的储存卡,像素越大存入储存卡的照片就越少。另外,文件越大,照片编辑时所需处理的时间就越久。因此,有时在不影响照片上地质信息的前提下,缩小数码照片的文件尺寸(提到尺寸,文件尺寸不同于平时所说的照片大小的尺寸,如 1 英寸＝2.54cm,1 英尺≈0.91m),实际上就是减小像素的大小。有时要发送的图片像素大了发不出,缩小后就能够就很快发出。要注意的是,不是画布的裁剪,像素和画布的大小是两个不同的概念。

大多数相机上,压缩选择的控制名称是照片质量或类似名称,而且压缩设置的名称比较模糊,如极高、高、较高、一般等,这要针对各人所用的相机而选定,这些设置运用的压缩类型和数量根据相机不同而不同,具体要查阅所用相机说明书上的内容,找到自己需要的模式。

## 三、数码变焦

数码变焦本身并不是一个真正的光学变焦镜头。数码变焦和照片编辑器的作用一样,只是简单地把原有的图像放大,修剪掉图像周边。最后照片的质量会降低,因为变焦图像上的像素减少了。

有时陡崖太高,要把陡崖上面的地质现象拍下来,需要把陡崖拉近距离拍下摄影者不可攀的陡崖上的地质信息,如地层岩性、裂缝有无位错等。笔者将此记为远景近拍,起到望远镜的作用。

# 第二节 远景\近景\特写摄影

地质摄影一般分3个层次,地形地貌需拍远景,场面大,地貌形态逼真;近景看地质信息范围较大,相互间的关系明确;特写,所拍地质内容真实,能反映细节。野外地质摄影无论是远景、近景,还是特写,都一定要有标尺。拍摄物体需设置比例尺,人或测量标杆一般用于远景;罗盘、地质锤多用于近景作标尺;钢卷尺、记录本、记录笔等用作特写的标尺较合适。

## 一、远景摄影

远景摄影有一张照片取景和多张照片取景,其中多张照片又分中镜头竖拍和镜头横拍两种。重叠每个镜头应注意,每个镜头应该与系列图像中的前面一个图像重叠,重叠提供了合并软件需要重合部分图像的信息。不需要做到很精确或使每个图像都用相同幅度的重叠,但需要查询合并软件程序建议使用的重叠幅度。通常重叠幅度在30%~50%之间。

拍摄拼接远景时一定要注意移动物体,如汽车、飞行鸟、动物等。移动物体对拍摄全景的摄影影响很大,会出现虚影,一个图像合并后,移动物体就像幻影出现在照片中,因此在野外远景拍摄应避开移动物。

远景摄影主要收集的地质信息有区域性断层的地貌特征,如断层崖、断层三角面、线性山脊,鸡爪状地形地貌,阶地不对称,水系错断等;滑坡调查,滑坡总体形态特征,滑坡要素的特征,醉汉林等;坝址地形地貌特征,河谷特征,岸坡结构特征等;施工阶段建筑物地基开挖轮廓特征等。这些都需要有历史过程的记录,为成果验收留下有意义的照片。

## 二、近景摄影

近景摄影取决于摄影者与拍摄物间的距离,可能需要把相机调到近距聚焦模式。近距聚焦模式的普遍标志是一朵小花。在近距聚焦模式上操作时,在相机手册上查阅最小和最大的相机到拍摄物距离,这个范围因不同的相机而不同。

如果相机有光学变焦,一般不能在整个变焦范围内使用近距聚焦模式。通常相机会在取景器或是LCD显示器上显示一个标志,知道可以使用近距聚焦的焦距。傻瓜相机在拍近景时,不要一次把快门按到位,而应按住快门让其自动调好焦距,待图像清晰,在显示屏上看认为可行时,再继续按下快门拍摄理想的照片。

另外,变焦位置可能会影响最小的近聚焦距离。在拍摄对象上投射更多光线可以帮助相机的自动聚焦机制更好地工作。近距光照会比较困难,因为相机会阻挡光源,如果自动聚焦有问题,可转到手动聚焦上,若相机有这个功能,可以用尺子精确地度量镜头到拍摄物间的距离。很多相机的镜头能在中度光圈设置上产生最清晰的照片,在中度光圈上的景深比在小光圈的景深短,所以强聚焦的范围也就更有限,这需要在实践中视具体情况不断探索。

近距离拍摄主要收集的地质信息有区域性断层的构造岩特征,如断层构造岩的颜色,分类(断层泥、碎粉岩、碎粒岩、角砾岩等);滑坡调查,滑坡滑带特质的颜色、厚度,马刀树等;坝址区工程地质条件,如地层接触关系、岩性、岩层产状、岩体风化程度、裂隙发育特征等;施工阶段建筑物地基开挖建基面起伏程度(监理工程师应收集的内容更详细);地质缺陷,如不稳定块体、风化槽等。这些都需要有记录,为设计处理方案提供地质建议。

### 三、特写摄影

很多数码相机带有微聚焦模式,但是否真能使用微聚焦功能也取决于相机。在数码摄影中不存在标准尺寸"底片",最主要的是所提供的最小聚焦距离是否允许达到想要的靠近被拍摄物的距离。

除非需要拍摄极端细节的特写,数码相机上的微距模式一般还是能满足要求的。如果是高分辨率的数码相机,就能够随意地放大图成特写地质照片,显示想显示的地质内容。如果是低分辨率相机,或者想比镜头允许的距离更靠近被拍摄物,那就要握稳相机以多取胜,选择最理想的照片存储备用。

特写拍摄主要收集的地质信息有区域性断层的擦痕、擦槽、阶步特征等;滑坡调查,滑坡滑带内物质成分组成,各层厚度、性状特征,滑坡体内裂缝纵横向特征、马刀树的年轮等;坝址区工程地质条件:岩层中风化夹层特征,断层构造岩特征、卸荷裂隙性状、渗水点周边岩性特征等;施工阶段建筑物地基开挖建基面清基情况(监理工程师应收集的内容更详细,如爆破半孔残留率、钢筋是否符合设计要求,浇筑混凝土有无冷缝、有无保护措施等监理应注意的一切工程质量问题),与工程建设有关的地质问题需拍摄供业主设计、监理讨论处理方案用得上的地质内容的特写镜头。

有关远景、近景和特写3个不同层次灵活运用的照片见照片5-1至照片5-27。

照片5-1　糖房-瓦厂田断层三角面特征(远景　镜向西)

照片5-2 糖房-瓦厂田断层在一把伞处挤压带特征（近景 镜向北东）

照片5-3～照片图5-5 瓦厂田-菜园子断层陡崖及构造岩\擦痕特征（近景\特写 镜向北东\西\南西）

照片5-6 青草坪断层形成约7km长的沟谷（远景 镜向西南）

照片 5-7　青草坪断层逆冲错断地层及构造岩\擦痕特征（近景\特写　镜向西南）

照片 5-8　畹町断裂活动洪积扇位错特征

照片 5-9　汶川地震导致水利水电工程震损特征

照片5-10 大盈江地震导致大盈江堤坡脚涌沙呈线状分布（近景 镜向南西）

照片5-11 大盈江防护堤坡脚管涌涌沙特征（特写 镜向地面）

照片 5-12 汶川地震紫坪铺水电工程坝顶水平和垂向拉张和沉降裂缝特征

照片 5-13 汶川地震丰收水库背水侧坝坡形成挤压石埂

照片 5-14 新疆喀什风蚀地貌特征(远景 镜向南西)

照片 5-15 风蚀地貌特征(近景 镜向南西)

照片 5-16 风蚀地貌特征(特写 镜向西)

照片 5-17 云南乔后斜向层理特征(远景 镜向北东)

照片 5-18 斜向层理特征(近景 镜向北东)

照片 5-19 A处层理特征(特写 镜向北东)

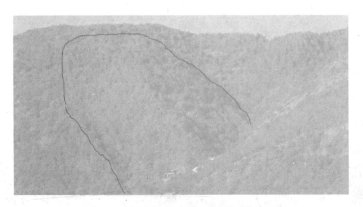

照片5-20 新老滑坡全景（远景 镜向西）

照片5-21 滑坡活动形成醉汉林（近景\特写 镜向西）

照片5-22 马刀树和年轮（特写）

照片5-23 滑坡前缘剪出口全貌（近景 镜向北西）

照片 5-24 滑坡体剪出口(a)及滑带物质特征(b)

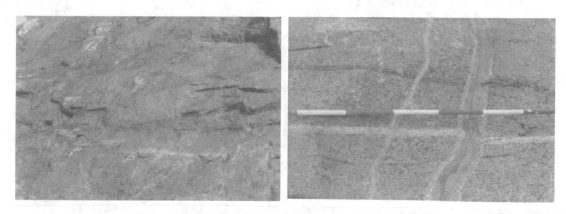

照片 5-25 三峡工程花岗岩弱风化和微风化岩石特征

照片 5-26 葛洲坝下游岩体冲刷特征(镜向上游)　　照片 5-27 葛洲坝下游岩体冲刷特征(镜向下游)

## 第三节 照片处理操作与注意事项

(1)备份文件。为安全起见,开始前一定要先建立一个原图像文件的备份。然后关闭原文件,在备份文件上进行所需要的处理操作。

(2)放大图形。选择图像、调整大小、画布大小,把图像放大背景,放大倍数按处理需要的地质内容而定,在纠正会聚时,可能需要在原背景外伸展图像。

(3)巧用栅格。选择观看、栅格,显示交叉线的方格。在照片上排列结构时,方格线可以提供视觉指导,如同有坐标的作用。

(4)图像排列。一般选浮动排列为好,要用哪张就点哪张,不用时缩小置于显示屏下,在把远景、近景、特写照片编辑在一幅图中时很方便。

(5)图像变形。选择图像、变形、自由变形,应该在图像周围看到称为 handles 的小方格,如果你看不到小方格,缩小图像,然后放大图像窗口,绝对不能伪造。

(6)伸展图像。在拖动角手柄时按住 CTRL 键,图像就会随着你拖动的任何方向伸展。例如,把上右手柄向外拖就能把图像顶部的物体推向右边。在拖动角手柄的时候,按住 ALT、SHIFT 和 CTRL 键,就能一前一后地拖动两个上手柄或是两个下手柄。这需在实际应用中去体会。

(7)旋转照片。在野外摄影不可能照得十分水平或垂直,视照片而定,有可能需要轻微地歪斜或是旋转照片。歪斜照片,CTRL+上下拖动一个顶部或是底部中心的手柄侧面或是边上的中心手柄。旋转图像时,你不需放 CTRL 键,只要拖动边上或是中间任一个手柄,就能使图像在垂直或是水平方向伸展。

(8)修剪照片。在野外拍摄的照片常常不可避免地把周边不需要的内容也拍在照片上了,这就需要对照片进行修剪,把与地质无关的内容去掉。

(9)"克隆(Clone)"。克隆局部的内容,或者可以复制照片的某些部分,弥补一张照片的不足,就像在洞上打补丁。这个工作使用"克隆(Clone)"工具很理想,但绝对不是伪造。

(10)放大裁剪。有时在野外拍摄的照片难免存在不需要的背景,将其裁掉,一方面突出了地质信息的重点;另一方面减小了像素,使文件变小。

(11)拼接照片。在用合并软件把图像结合起来时,软件可能会上下移动图像以取得更好的缝合效果。最后会修剪掉一些场景,在拍全景照时垂直放置相机比水平放置更可取。这样合并软件并作修剪后,全景照会比水平放置相机拍摄的照片范围更大。

(12)保存照片。如果对处理后的照片满意,另存在相应的文件夹内并编上号或给予命名,以便查找和应用。

(13)每天的照片最好附一张文本说明,其内容有照片编号、拍摄时间、地点或坐标、镜头所对的方向、地质内容等(表 5-1),现场可以画素描图将有照片的部位用字母或符号标记,以便与地质描述内容相吻合。

表 5-1　××工程××阶段工程地质勘察照片说明一览表

| 编号 | 时间 | 地点/坐标 | 镜向 | 地质内容 | 备注 |
|---|---|---|---|---|---|
| 100 | 上午 | 玉龙县砂厂 98400/65700 | 西 | 龙蟠-乔后断裂地貌特征 | 远景 |
| … | … | …… | … | …… | … |
|  | 上午 |  | 西 | 龙蟠-乔后断裂地貌特征 | 拼接 |
|  | 上午 |  | 北东 | 龙蟠-乔后断裂断面特征 | 近景 |
|  | 下午 |  | 北东 | 龙蟠-乔后断裂构造岩特征 | 近景 |
| … | … | …… | … | …… | … |
|  | 下午 |  | 南西 | 龙蟠-乔后断裂擦痕特征 | 特写 |
| 160 | 下午 |  | 南西 | 龙蟠-乔后断裂擦痕特征 | 特写 |

# 第六章 地质素描

为了阐明地质条件和进行工程地质评价,地质工作者必须进行如下几个方面的工作:其一,要熟悉工作区域的地理环境、地质背景和有关地质资料,如地质志、地质图、地质说明书等;其二,在野外观察地质现象,如地形地貌特征、地层岩性、岩石风化、断裂构造、泉水特征、喀斯特分布与形成特征、物理地质现象等;其三,室内资料整理,如计算机处理图像、图件绘制、计算、数理统计、实验资料分析,编写工程地质勘察报告等。目的是找出勘测区的地质变化规律、工程地质问题等,最终将这些地质条件和问题编写成工程地质勘察报告,提供给决策部门、业主单位、设计单位。其中包括了表现地质现象与规律的附图、插图和照片。

## 第一节 画素描图的目的

也许有人会说,现在数码相机用在地质勘测中已很方便了,无需手工素描。事实上并不是想象的那样。前已述及,照相受很多因素的控制,代替不了手工素描,这已经是被很多工程地质勘测者在实践中证明了的事实,不再赘述。

不同的素描图有不同的目的,具体要根据勘测需要而定。如三峡工程二期围堰在不同的部位其河床中的粉细砂厚度大小不一,编制三维图分析时要清晰地反映出来(图6-1),为设计处理方案提供依据;还有桥墩和靠船墩要反映基岩面的起伏、覆盖层的性状等,为设计施工钢围堰提供依据;开挖坝基、船闸边坡上的块体,为地质缺陷处理提供依据;房屋地基覆盖层的结构、岩性、地下水位、各层力学参数等内容,为房屋地基处理及选择基础形式提供依据,等等,都是要为达到各自的目的、反映工程地质条件、解决工程地质问题而奠定基础,建立和分析、编制三维地质图,这就是工程地质勘察要达到的目的。

## 第二节 画地质素描图

为了获得上述资料,在野外除了采用仪器(或 GPS)进行地质点的测量定位外,地质工作者还要对一些地质现象进行描述。随着科学技术的高速发展,用数码相机获得野外地质信息已基本普及,摄影在记录野外地质现象时起着重要的作用。但是,拍摄的照片如果没有对应的说明,是不能运用到最终成果中去的。为了使拍摄的照片能清楚地记下所需的内容,不致因时间长和野外行走的地方多而记不清,或者在某些情况下受到诸如需要的内容受范围所限、阳光照射、地质现象本身的类同和复杂以及摄影技术等因素的干扰,会影响照相的效果。在这种情况下,地质工作者有必要掌握基本的"地质素描方法",与照片对应,设计专门的地质记录卡片,

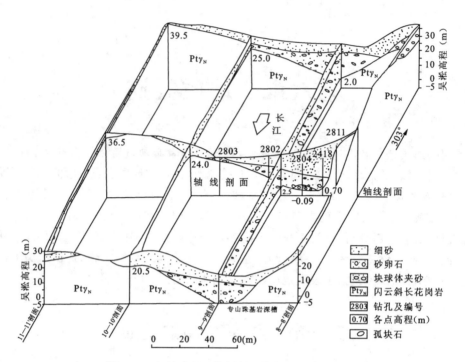

图 6-1 三峡工程二期围堰河床粉细砂分布特征

在表格内记录一些必须记录的数据、文字和示意图（图 6-2）。地质素描方法不受任何条件的限制，随时都可以拿出记录卡片（或记录本）和笔，坐着、站着均可素描。从笔者 20 多年带年轻地质工作者和各大学学生实习的情况看，以及从已参加了工作的学生那里得知，大学中地质专业尚未开设地质素描这门课，而目前介绍这方面的书籍几乎没有，虽然书店有为数众多的美术绘画书籍，但地质素描是不完全等同绘画素描的。因此，对于现在的大学毕业生对野外地质素描技术的需要，笔者根据几十年来的地质素描经验及一些绘画书籍简单地介绍一些基本常识，其目的旨在抛砖引玉，也为地质专业的学生以及从事地质工作的同行们在野外地质素描时提供参考。值得一提的是，笔者在三峡工作期间曾得到教授级高级工程

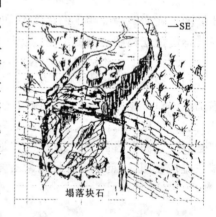

图 6-2 链子崖 $T_2$ 号缝塌陷特征

师薛果夫等前辈的指导及三峡勘测研究院的大力支持。将地质素描与摄影等高科技产品应用在地质描述上，笔者称之为传统方法与高科技产品相结合，简称土洋结合。

为了使地质工作者掌握地质素描的技巧，本节主要介绍一些地质现象的画法和照片对应的记录技巧，加快速度，提高工效。书中引用的图幅，是笔者在野外工作期间对地质现象的记录，也参考了一些其他书籍的图幅。地质现象千变万化，要正确地素描好地质现象，必须了解素描的基本理论知识。

## 一、地质素描的形式与要素

地质素描图的形式一般可分为 3 种:平面地质素描图、地质剖面素描图和三维地质素描图。前两种形式过去用得比较多,后者现已逐渐被摄影所替代,但有时要表现的范围太大,内容太多,拼接照片也难以达到目的,所以只有靠素描图来完成了。

素描是通过一定的技巧,用线条在平面上表示出所绘地质体的一种手段,使人们在该平面上看到物体之间的相互关系、地质记录的各项要素以及立体形象。简而言之,就是在野外用单色线条在平面上表现地面的物体形态及标注各种地质参数。它不同于照片和计算机绘图,最主要的区别在于它是利用线条绘出平面图和剖面图的轮廓,反映出地形、地貌及地质内容,采用光线的明暗表现立体感。而照片是由人们的空间思维和想象来体会立体实物。计算机绘图可用不同的颜色、不同的块表达不同层次的地质内容。综合性地将地质素描和照片处理方法相结合,地质素描图和照片是计算机绘制三维分析地质图的基本素材。

在一般的情况下,应用较多的是根据所要表达的地质内容,信手画出观察到的地形地质内容,如剖面图要标明地点、方位、比例尺(图 6-3A);平面图要标明地质点坐标、地点、方位。在另一些情况下,更接近于绘画素描,那么地质素描究竟是什么呢?它是利用机械制图的知识,绘画素描的技巧,以地质内容为主体,在较短的时间内,用极简单的工具(罗盘、铅笔)和简单线条或地质专用符号,将地质现象用平面图形或立体图形表现在平面上(野外记录卡片、记录簿上)。它能说明特定的地质现象,除了给人对地质现象以感性的形象效果外,也给人以成因、过程的解释,这也是地质工作本身所要求的。它要求明显地表达地质现象,同时又要求有较快的速度。在这里必须指出,我们在地质素描中应集中表现实质问题,甚至在图中可以加一些说明

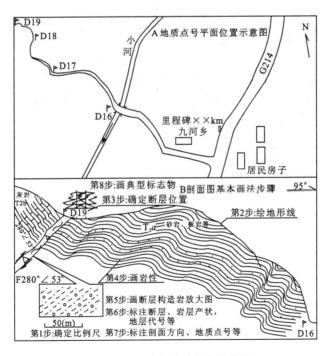

图 6-3 地质素描图内容及步骤

线或文字(图 6-3B)。

野外地质素描要比较真实地表现地质现象,切勿单纯地追求美观而曲解了真实情况,或者使地质现象在素描图中居于次要地位,如张彭熹著《野外地质素描法》一书所举范例(图 6-4)山的岩层倾向为北东东,但画者为了表现立体感而增加了作画的背光部分线条,因而地层现象被曲解了,使图上的岩层倾向成为南西西,这样的加工正与地质现象相反。又如有些野外地质工作者常犯这样的毛病,将一些不必要的东西夹杂在地质素描中,如图 6-5 上的小桥和房屋成了主要部分,把白垩纪地层侵蚀面遮挡了,使侵蚀面成为次要部分,因而造成本末倒置的后果。这种错误是由于野外地质工作者对地质素描的意义了解不清而单纯追求形式上的美观所造成的。

图 6-4　背光线条曲解了岩层产状(据张彭熹　野外地质素描法图 2)

图 6-5　小桥和房屋成了主体遮挡了地质内容(据张彭熹　野外地质素描法图 3)

一幅完整的地质素描图,除了表现地质现象的形体外,还应包括方向、比例尺以及图名。且图名应完整,它包括地质现象名称及地质现象所在地的地名,通常在野外记录(簿)卡片上素描不用加图例,但如作为正式报告的插图时,一定要加图例。正式插图一般分 4 个层次,最上面为素描图,图的下面为图例,图例下为图名,图名下为图例的说明。有时图例也放在图的一侧或底部,按布局美观、读图方便而定。进行地质测图时,应在地形底图上标定出素描地点,记下坐标;作地质路线图,如无底图时,可标定在路线图上,如遇重要的地质现象无底图时,还需草测地形图,标示出各地质现象和周边环境的相互关系。在素描和地形底图上,应将地质现象出露地点处编号(见图6-3A),素描图的上部地质描述内容必须有当时记录该素描现象的说明,绝不允许在野外只是画图,等回到住地以后再填写说明。因为这样将不可避免地遗漏一些东西,在专用地质卡片上,在相应位置应记录地质素描点位置、编号、坐标、高程。

在地质素描的内容上,可分为平面素描图(如素描基岩与第四系地层分界点,反映沉积环境的交错层理、砾石排列方向等)和立体素描图(如冲沟两侧堆积物的成因及与基岩的接触关系等)(图6-6)。一个野外地质工作者必须掌握地质素描的方法,才能充分地说明野外所见到的地质现象和地质规律,因为部分素描能代替冗长的文字解释。但要很好地掌握这一方法,也不是非常简单的事,有一点必须指出,能被同行肯定和认可的一幅素描图是要反复修改和接受不同意见的,因此只要肯动手、多画、多练习、多交流,并结合一般的素描知识去练习,是完全可以画出高质量的素描图的。

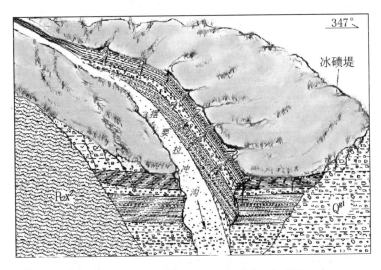

图6-6 王大龙村摆要拉冲沟堆积物质成因分析图

## 二、地质素描的理论知识

本节主要引用张彭熹著《野外地质素描法》的第三章内容,部分内容作适当的修改和补充。前已述及,我们在用数码相机摄影时,显示屏上就出现镜头上能拍下的景物,如同我们隔着窗子看室外的景色时,在窗子的范围里就出现了一幅非常美丽的图画,能看到的物体尽收眼底。在山区有起伏不平的山丘,山丘之间有潺潺流水的小溪、蜿蜒曲折的小路;在城区则有绿化成排的四季常青树,有规律排列的电线杆及空旷的天空。如果我们改变一下原来的位置,站得高一些,则窗子中所反映的室外景色就改变了,天空显得狭窄了,而山野却变得广阔了;如果我们的位置放得更低一些,那么看到天空的范围会增大,而山野就变得非常狭窄了。除了这样的现象以外,还可以看到距离较近的电线杆比距离远的电线杆要粗得多;同时还会发现近山比远山大得多,有这山望着那山高的感觉。

如果我们俯视一块方形的木板,当时只能看到木板的一个面,而木板的四个角都呈90°(图6-7A)。如改变木板的位置,令木板在我们眼睛的前上方,则木板的边长有所改变:$a>b>c$而$b=d$,同时原来呈90°的角现在也改变了(图6-7B)。假如再改变一下位置,把木板放在我们眼睛的右上方,此时正方形的几个边 $abcdef$ 都不相等(图 6-7C)。这里容易发现一个规律,即木板的各个等长的棱线,离我们的眼愈近则愈长,反之愈远愈短。上面的情况显示了透视法则,因此,野外地质工作者必须了解这个法则,并在地质素描中熟练地应用它,这样才能正确地将物体在空间的样子表现在画面上。

前面讲过,在数码相机显示屏上观察取景范围,显示屏上所见的图像就是通过光学原理将很多信息内容展现出来。而手工素描是靠人的眼睛观察,将所见到的地质内容通过相似形的方法描绘在记录卡片或记录簿上,相当于观察者与被观察物之间,假设有一透明的平面,这个平面垂直于观察者的视线,通过观察者的眼睛作对物体各点的连线,这些线与假想平面相交,这些交点所呈现的图形就是透视图(图 6-8)。通过透视图上的透视原理,容易看出相同大小的物体,为什么离我们近的大而远的小。

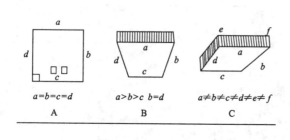

图 6-7　不同角度观察物体　　　　图 6-8　透视原理

为了阐明透视原理,首先介绍几个有关的名词。

**视线**:观察者的眼睛和被观察物体之间的假想连线。

**视平线**:与视线垂直并与眼睛同高的一根假想水平线。一般在野外开阔的地区,视平线近似地等于地平线。因为我们站在平地上,地平线至我们的距离(长度),远远大于地表面至我们眼睛的高度,所以可以忽略不计,再加上大地曲率的存在,所以视平线可以近似地等于地平线,如同旋转 Google 搜索地图就可看到远处的弧线。

**视点**:视平线与视线垂直相交的一点。

**视轴**:垂直于视平线且与眼睛相连的一根假想线。

**消失点(灭点)**:物体越远越小,最终集合于视平线上一点而消失,那个点叫消失点或灭点,在视平线上的各点都可作为消失点。

**透视面**:与视轴垂直与视平线平行并介于观察者与被观察物之间的假想平面。我们所讲的素描图就是将透视面上的透视图形描绘在野外记录簿上的成果。

一般的透视原则:

(1)任何一幅素描图都只有一根视平线。

(2)任何一幅素描图中也只有一个视点,而消失点可有无穷多个,其数目的多少依物的外形及位置而定。

(3)平行于透视面的线组,必平行于画面且永不相交。

(4)垂直于透视面的各线愈远愈小,并相交于视点而消失,如图 6-9 中 $AB$ 为视平线,$O$

为视点。

(5)与透视面呈交角的各相互平行的线必须交于消失点,该点位于视平面上,如图 6-10 中 AB 为视平线,O、M 为消失点。

(6)同样大小的物体,距离愈远则在图上表示愈小,消失在视平线上。

(7)同样长短的物体,距离愈近愈长、愈远愈短,最终消失在视平线上。说明这个问题的最好例子是我们日常所见的成排的电线杆。众所周知,电线杆的长短、粗细是相同的,任何两电线杆的间距都是相等的。由于它们的远近不同,则在透视面上的位置也不同,当然在画面上就表现出以上的规律。如图 6-11 所描绘的电线杆是近则长、远则短,趋近于地平线时消失,马路也是近则宽、远则窄,趋近于视平线时宽度则成为一个点,间距也是愈远愈缩小。图 6-12 是间距不合乎透视原理,图 6-13 是公路不合乎透视原理,图 6-14 是电线杆大小、长短不合乎透视原理。

由以上 3 图可以看出,只要有个别部分违反了透视规律,那么整个画面就被破坏了。

(8)低于视平线同高各点,距观察者愈近愈低,愈远愈高并愈接近于视平线,如图 6-15 中 ABCD 及 abcd 各点愈近愈低,愈远愈高并接近于视平线。

(9)高于视平线同高各点,距观察者愈近愈高,愈远愈低,最后接近视平线时消失,如图 6-16 中 abcd 各点愈远愈低,最后消失在视平线上。

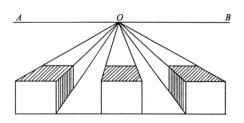

图 6-9　视平线、视点

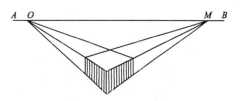

图 6-10　视平线、消失点

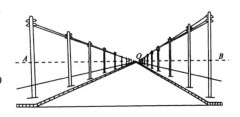

图 6-11　远近物体长短关系

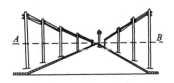 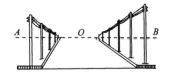 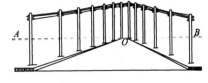

图 6-12　电杆间距不符合透视原理　　图 6-13　公路不符合透视原理　　图 6-14　电杆大小、长短不符合透视原理

以上讲的是透视原则,它只能控制物体在画面上的位置,以及表现物体在画面上的立体轮廓。如单纯地依靠透视原则,将自然界的立体物呈现在画面上,那是不够的,这里还涉及到另外的一些问题。例如三峡工程在施工过程中揭露的结构面特征(图 6-17),从这幅图中可以看出,除了合乎透视原则的基本轮廓线以外,还有很多种线条按不同的密度分布在各个部位,由于采取了这样的画法,结构面才能客观、真实地表现出来。在内业整理时,用计算机绘制若用不同的颜色和深、浅色搭配的方法表示,会更加美观。

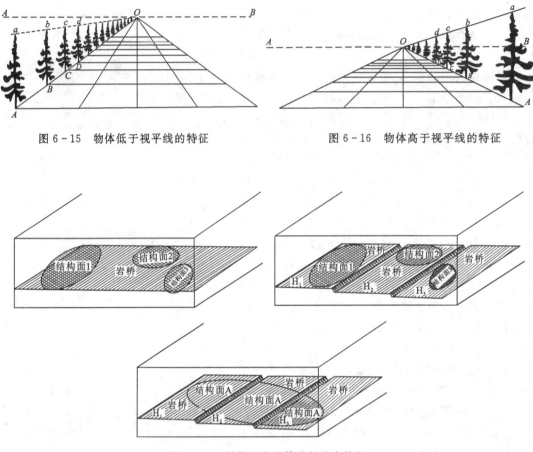

图 6-15 物体低于视平线的特征　　　　图 6-16 物体高于视平线的特征

图 6-17 结构面在岩体内的分布特征

从物理上讲,我们所以能看见物体,是由于光线照射到物体后,物体反射了光线而映入我们眼睛的结果。如果没有光线,我们就什么也看不见了。当光源的光线照射在物体上,由于物体各处受光的程度不同,在物体最接近光源的地方,通常是最亮的,距光源较远的地方逐渐变暗,背光的部分为暗色,在背光部分与受光部分的交界处是最暗的,在背光处还可以看到反光部分。很多单色图就是根据光线明暗的分析,利用线条的多寡作出来的,所以画出来显得很真实,并具有丰富的立体感(图 6-18)。对野外地质工作者来讲,当进行地质现象素描时,在

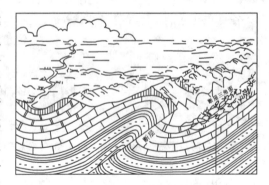

图 6-18 断层错断地层并形成断层三角面

考虑到透视原则以后,一定要分析素描对象的光线明暗程度。野外的光源是太阳,向阳部分就明亮,背阳部分就阴暗,这一点一定要考虑到。严格地讲,组成地质现象的岩层或岩石,它相对于光源的位置不同,再加上本身形状多变化,光的反射、折射、绕射等表现为极复杂的综合,因

而给具体分析光的明暗带来很大的困难。但对于地质素描来讲,这还是十分重要的问题,因为工作要求我们速度快,要求表示地质现象的实质问题,所以对于绘画当中的细节部分,可以不必考虑得那么多,只要能掌握大的方面就可以了。重要的是地质工作者在进行素描时,不要忘记太阳在哪边,这是主要问题。为了表示光线明暗,必须掌握画线条的方法,线条虽然简单,但要画得随心应手,也不是一件容易的事。地质工作者应熟练地用等直线、等斜线、等曲线表示所要突出的地质现象。但在地质素描时,除了应用直线、曲线外,也大量地应用点及点线,线条的轻重(深浅)分出主次,一般应用点及线来素描阴暗部分。我们用的点线受地形、岩层倾向及岩性所控制,因此需要符合地形、岩层倾向、岩性及地质上已有的特定符号的要求。地质工作者在进行素描时,必须熟记上述原则和一些基本画图规则。这些原则和规则在地质素描图上的应用,将在第四节中介绍。

线条依其功用可分为两种:一是轮廓线,一是阴影线。

(1)轮廓线。它是控制物体外形的线,画一个物体像不像,要看轮廓线画得是否正确。地质工作者一定要了解,由于岩石岩性不同,表现在山形上也不同,因而轮廓线的表现方式也不同。例如石灰岩组成的山,应该用直而硬的轮廓线来表示;页岩组成的山,应采用曲而柔的轮廓线来表示;开挖轮廓线则很规整,图6-19是三峡隔墩一个块体的最终素描图,岩性为闪云斜长花岗岩,开挖的轮廓、块体边界裂隙很清晰。该图是在上部揭露1/3时绘制的,最后开挖证明块体形态准确无误。

(2)阴影线。在表现明暗程度时,一般采用"点"、"直线"、"曲线"。地质素描时,虽然不要求出现极端复杂的线条,但任何一支线条表现在素描图上,都应起到一定的作用。在地质素描中,线条的功能是在说明地质现象的同时,给人以立体感,所以线条不宜过多,但要明显。

利用线条表示明暗程度时,首先应考虑到岩性,避免表现错综复杂的线条,尽量应用岩性符号作阴影线条,而结构面则宜用阴影线来表示不同的倾斜方向,并用线的间距疏密予以区别。

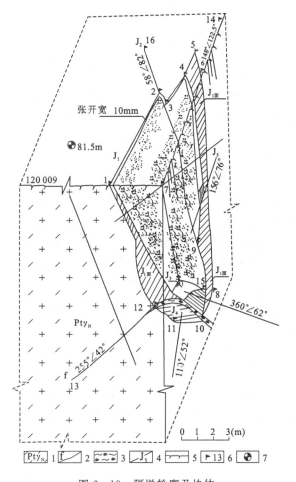

图 6-19 隔墩轮廓及块体
1. 花岗岩;2. 断层;3. 碎裂岩;4. 裂隙及编号;
5. 开挖轮廓线;6. 控制点;7. 高程(m)

从图6-19可以看出,表现阳光照射的部分,可以什么都不画,而远离阳光的部分或背光部分,在表示阴暗时,正面绘有花岗岩符号,其余部位都没有画岩性符号,使图有层次感;如果是沉积岩,则应对结构面加以区别,如页岩要用直线,灰岩可用两组直交而不相截的线;如有砾岩出现,可以采取"圈"、"点"合用,各种火成岩可用特定符号表示。这样当人们看到素描图时,就会对岩石、岩性的情况有所了解。

### 三、地质素描的步骤与方法

前面简单地介绍了一些基本的理论知识和地质素描常识,但一幅地质素描图究竟应怎样去画呢?下面简单介绍一下地质素描的步骤与方法。

#### (一)进行地质素描的步骤

(1)选择对象,确定范围。

(2)用罗盘测量该素描对象的方位,并标定在素描图上。

(3)确定素描图的比例尺及物体的相对比例。

(4)根据透视的原则,确定物体在图上的位置。

(5)画轮廓线,利用不同线条画出物体各部明暗程度,完成素描图并附上图名。

#### (二)绘地质素描图的方法

**1. 确定范围**

当有地质现象需要素描时,首先遇到的是在素描图纸范围内,应包括多少要画的对象。任何组成地质现象的物质,都不是孤立存在的。例如要画一个小的断层,一定要牵连到断层的上下盘及组成上下盘的地层,在确定画断层及说明该断层性质的上下盘时,应考虑到要画的范围。

确定范围的方法,可用两手以拇指与食指伸直,形成八字形,然后两手指的拇指与食指相对,组成一长方形,即构成一取景框(图6-20)。凡在该范围内看到的景象界限,即素描图的界限,如该框中(或数码相机显示屏上)影像不合适时,可伸长手臂或缩短手臂(或调数码相机的焦距),如还不能使框中的地质现象大小适中的话,可前进及后退数步(注意安全,观察脚下有无陡坎),直至地质现象在框中的位置达到适中为止。此时要记住由框中看到的地质现象的范围,在野外

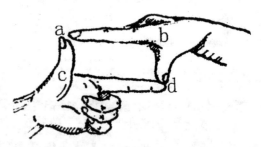

图6-20 四指取景框

记录卡片(记录簿)中不多不少地画出所选择的内容。有时不先确定范围就开始画,容易导致主要地质现象的素描不是画得太小了,就是画得太大了,而在素描图中只能放下它的一部分,因而影响了素描质量,即使是重新再画,一方面影响了地质测量的进度,也浪费了时间,因此一定要养成好习惯。

在确定范围时,必须考虑到地质素描图画面的均衡性,主要对象的位置应画得适中,如果画面物体不均衡,看起来是很不顺眼的。在照片取景范围还是不够时,要多到现场了解实际陡立地形地貌,或利用 Google 搜索,观察所要画的范围内的全貌,然后在一定的高度处进行素描。

除了应注意画面均衡性以外,素描者与被素描的形体之间的距离问题也是很重要的,因为

距离太小往往不能掌握全面。由于眼睛的视域是有限的,视域的大小是以眼睛为顶点,顶角为 60°的一个圆锥体的空间,很明显视域的大小与距离有关。如果素描物体很大,因距离短而视域小,则不能概括该物体,因此不能作画。一般的要求是素描者至素描物的距离,应不小于素描物最长边的 3 倍。

2. 选择视角

所谓视角就是人眼对物体两端的张角,即观察物体时,从物体两端(上、下或左、右)引出的光线在人眼光中心处所成的夹角。物体的尺寸越小,离观察者越远,则视角越小。在确定了范围之后,从不同的角度画出来的图效果是不一样的,所以,一定要选好视角。有时要左侧视,有时要右侧视,有时还需俯视,在实际工作中怎样看效果更佳就用哪个视角。按一定的比例把所需要画的地质内容用相关的点、线、专用符号画图,如水力发电工程钢管槽、隔墩及缓倾角裂隙分布特征,图 6-21 和图 6-22 分别为左侧视图和右侧视图,通过此两图可以分析缓倾角裂隙的分布位置、高程、连通率等,统计裂隙的长轴和短轴,判断裂面的形态,分析充填物厚度与长度的关系。

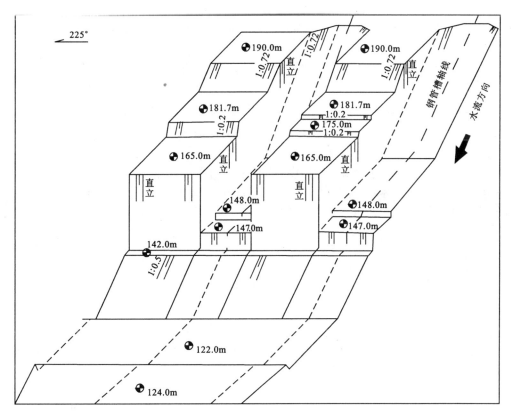

图 6-21 水力发电工程钢管槽和隔墩开挖轮廓

在绘制 3D 图时,首先分别用左侧视和右侧视画设计开挖轮廓线(图 6-21)。人工边坡为斜坡时,应注意的是,除了按透视原则画线外,还要符合比例,以便于绘制裂隙。由于大型工程隔墩和钢管槽的开挖尺寸是按地质条件变化而设计的,且开挖需要很长的时间,自上而下地质编录一般要分很多次才能完成。第二步就是在图上画裂隙(图 6-22)。实际开挖出来的轮廓

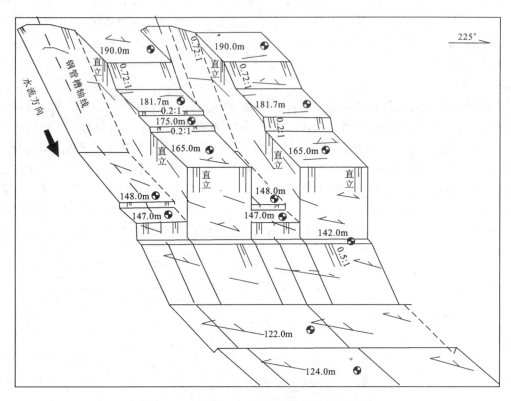

图 6-22 水力发电工程缓倾角裂隙分布特征

不是理想状态的有棱有角的,裂隙切割成块体被挖除或崩落,出现此种情况时,则用放大的图来表示(图 6-23、图 6-24),这些块体是采用不同间距的阴影线,点画线,虚、实线表示出来的。

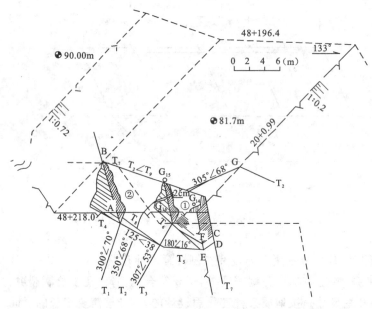

图 6-23 A 号隔墩不利块体素描图

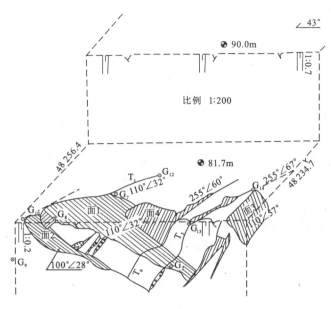

图 6-24　B 号隔墩不利块体素描图

有人会认为拍张照片不更直观吗？其实不然，开挖是分段进行的，更何况开挖过程中石渣会挡住人的视线和块体结构面的延伸情况，开挖现场能让你照相的位置是很难选择的，不可能从空中向下拍。更不能等待的是时间，如果待挖完清理干净了再作出处理措施那就失去了施工的地质意义了，这就是要掌握素描图的真正原因。只有在工地工作中才能体会到素描图的重要。图 6-25 则是用于分析隧洞结构面在穿过不同的高程时，块体的稳定性是不一样的，如果画剖面就不直观了。图 6-25A 隧洞高程有利于块体的稳定，两结构面形成的块体是上大下小，洞室成形后，在没有侧向结构面被切割的情况下，块体是稳定的。图 6-25B 两结构面形成的块体上小下大，形成一个倒楔体，是不稳定的。但作剖面时，容易遗漏轴线切不到的结构面，而构不成块体。

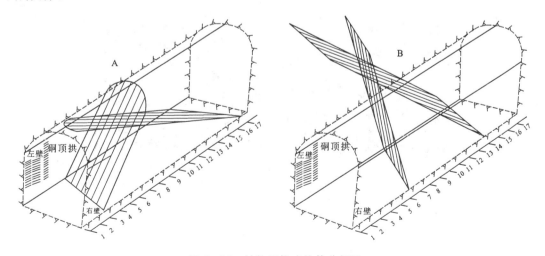

图 6-25　结构面构成块体分析图

上述几幅图主要采用了左、右侧视绘制图的表现方法。图 6-1 以俯视为主。无论视角怎么选择,最终画出来的图要让外行也能看出立体感来,那么画的图就达到目的了。

3. 按图片素描

图片一般来自两个方面:其一,利用 Google 搜索地图。根据需要截取所选范围内的图片,去掉不重要的内容,选择有用的信息,经实地核对后成图。这种适用于大面积、肉眼看不见和数码相机照片不可能拍下的场景。没有完整的地形图时,用 Google 搜索地图勾绘出所要的内容是十分方便的。图 6-26 是根据 Google 搜索地图绘出的畹町-安定断裂穿过水系的特征,虽然线条不多,但是很起作用。其二,是用照片。现场观察的地质现象拍有照片,但好多内容不如肉眼看得全面,不是被树枝遮挡了,就是光线原因(图 6-27)。老洪积扇上的细砂用肉眼远观近看都清楚,但照片上全被树挡住了;新洪积扇上的块石和老洪积扇的界线也全被植被覆盖或挡住,现场调查新老洪积扇物质组成有明显的差别。遇到这种情况,用照片形态勾出地貌轮廓,加上地质信息,比照片的效果更清楚(图 6-28)。

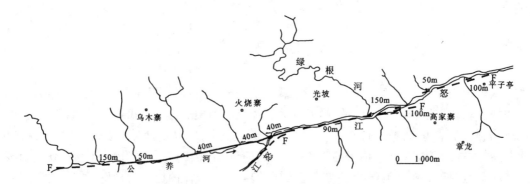

图 6-26　畹町-安定断裂穿过平子亭—公养河一带水系同步左旋位错示意图

图 6-27　畹町-安定断裂、新老洪积位错特征照片

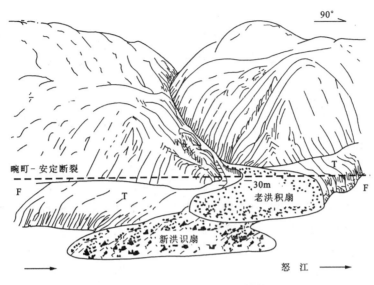

图 6-28 畹町-安定断裂、新老洪积位错特征素描图

## 第三节 素描技巧

前面对地质素描的要求、理论、步骤、方法等都作了介绍，本节着重谈一下素描的技巧，如地质内容和起衬托作用的山、河流等具体的表现方法。具体地说，对于组成地质现象的各个部分应该怎样去画的问题。在野外工作时间有限，为了避免画图时出现过多的线条，同时也要求有较快的速度，就必须掌握一些素描图的表现方法和技巧。

地质工作者在野外经常和山、河流等地形地貌打交道，而地质现象都与山、河流有密切的关系，画山不外乎是画山的外形及组成该山的各部分，如山脊、冲沟等。

**冲沟的画法**：利用一条、两条简单的曲线组成，按河流的方向自沟口向上游绘出。对于软岩（如页岩、全风化花岗岩、粉砂岩、泥岩等）组成的山，冲沟上游方向画一两条曲线，或画成树枝状，沟口画双曲线，但画时应注意，冲沟自上游至沟口由窄变宽（见图 6-3）。对于致密岩石（如硅质灰岩、辉绿岩、石英砂岩等）组成的山，画时应注意线条与岩层的方向。

**山脊（岭）的画法**：利用一条简单的曲线勾出山脊的位置即可，这种方法适用于画远景。一般常用的是两组或两组以上的线，先依山脊的位置勾出曲线，然后根据可见和不可见的受光与背光部分，受光处和平缓地貌少画线条，背光处和陡坎（崖）地段多画线条。画山岭时，不画脊线，只画其他背光部分的阴影线，而衬出山岭来，山岭较缓，为无线条的空白。但应考虑向阳的地方线条少，背阳的地方线条多，在素描图里既有山脊又有山谷冲沟，虽然利用同样的线条来表示，但由于它们的方向不同而显示了不同的形态，因此在画山的时候应特别注意线条方向（图 6-28）。

**河流素描**：水利水电勘测工作者经常与河流打交道，除了山以外，还有河流和阶地。特别是对搞区域断层活动性、第四纪地貌研究工作的同志们来说，掌握河流阶地的素描技巧，是不可缺少的。一般的地质素描是不画河流的，最多只用一个箭头代表水流的方向，而水利水电勘测工作者在素描时主要是画河谷和阶地。

**阶地的画法**：画阶地时应取一个较好的位置，因为阶地的面积一般是较宽广的。阶地面上少画或不画线，可以稀稀地画点、画线来点缀一下；阶地斜坡用较少的曲线勾绘；阶地前缘、后缘一般为陡坎或斜坡，线条适当多画，疏密适度，这要根据图的大小，使其插入报告中不至于看到一片黑。使用的线有实线、点画线、虚线。线的方向：在垂直河流方向上用竖线，平行于河流方向的用横线。在画河曲时应注意各个不同地方的弯度，同弯度的河曲，由于透视的关系，愈接近视平线，弯度愈大。图6-28中新老洪积扇两侧为怒江的Ⅰ级阶地。

**河谷的画法**：画河谷所涉及的范围较广一些，它包括了河槽、河漫滩、阶地，以及该河床两边的山形，因此素描时除了画阶地以外，还要画山。如果山形与阶地的画法已经掌握了，然后将它们组合起来，就可以画出河谷了。但我们所在的位置，只有正对河谷时才能画出谷的两侧，否则只能看到谷的一侧（见图6-6）。素描前，首先要了解河谷的性质，是"V"形谷还是"U"形谷，以及组成谷壁的地层岩性，这样就可大体确定河谷的轮廓，观察清楚了就可以进行素描。一般情况下选择较合适的河谷对面为画图的位置。

## 第四节　地质素描的内容及举例

地质素描按其形式可分为两大类：一为平面图形的素描，一为立体图形的素描。现分别叙述如下。

### 一、平面图形的地质素描

平面图形的地质素描，在图幅上只能表示两维，不能呈现立体形象，其内容包括平硐掌子面上个别地质现象的素描、自然剖面图、简单的平面图等（见图6-26）。剖面图及信手画的剖面图，作法见图6-2，比较小的地质现象，如构造岩、炭化带、砾石排列方向、交错层理等，可用放大比例画在图的旁侧或下部，用箭头或标注框指示位置（图6-29），其符号意义在图例中予以说明。

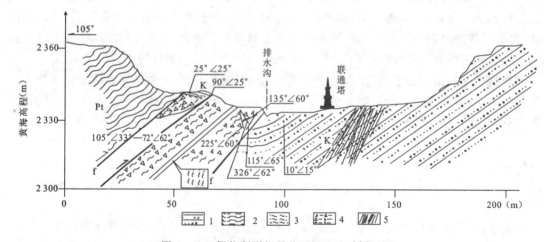

图6-29　俫佐断裂新马北西垭口地质剖面图
1. 白垩系砂岩；2. 中元古界会理群千枚岩；3. 碎粉岩；4. 断层角砾岩；5. 劈理带

## 二、立体图形地质素描

立体图形包括的范围较广,由全区的素描到局部的素描,大到研究全区域,小到一块岩石、一个化石的素描。按其说明的对象不同可分为地形地貌、地层岩性、岩石风化、地质构造等。

地貌素描:现在画地貌可用笔画轮廓,还可用照片处理软件中有关工具画地形地貌的特征。一般来讲,在野外素描地形地貌时,应特别注意透视法则,因为地貌概括在图内的地貌单元多且比较复杂,往往是由两个以上的地貌单元组成,如不注意,虽然只有一部分违反了透视法则,但整个画面也会受到影响。图6-6地貌是用照片处理软件中的模仿工具,采用中国画里的"皴"法,画出不同颜色或深浅不一的灰度,反映地形地貌特征,植被也是用模仿工具画的。具体操作可由左向右皴,由右向左皴,自下而上皴,自上而下皴都行,直到看起来与实地相近就可以了。

地层岩性内容较多,不能分别举例说明。图2-2是沉积岩,主要岩性有泥岩、页岩及砂岩,分别用地质专用符号画出来,搞地质工作的一见符号就知道是什么岩性了,标上地层代号就知道时代了。图中泥岩地貌为凹陷的沟槽,砂岩则为凸出的陡崖。

岩石风化:全风化(Ⅳ)以砂状为主,强风化(Ⅲ)以球状风化为典型的特征(图6-30),弱风化(Ⅱ)以块状夹强风化夹层,微风化(Ⅰ)则以块状为主,有追踪裂隙风化现象。

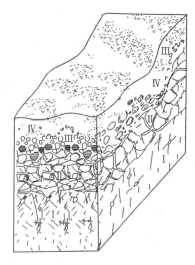

图6-30 花岗岩风化特征

图6-31是沉积岩,主要岩性有白云质灰岩、灰岩、砂岩、页岩等,在构造变形素描中反映出断层的错距。图6-31~图6-34表示断层形成由水平岩层挤压变形的几个阶段。断层形成后继续活动,形成断层三角面,为地质工作者判断断层的活动性提供了依据。

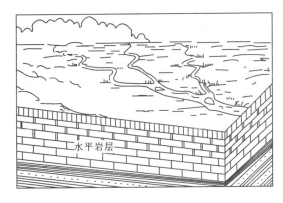

图6-31 沉积岩未受构造运动时的形态

图6-32 沉积岩受构造运动后形成褶皱

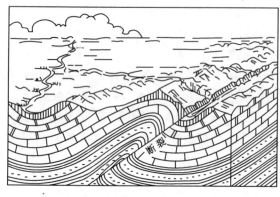
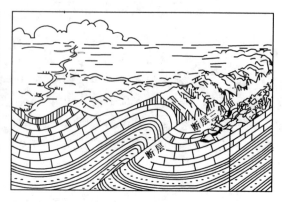

图 6-33 褶皱受构造运动后形成断层　　　　图 6-34 断层活动形成断层三角面

## 第五节　三维分析地质图模式

为了便于掌握素描技巧、提高野外地质素描速度,笔者将地质素描概括成如下几种模式。

(1)小尺寸固定模式:如桥墩、房基等地基尺寸相对小,开挖尺寸规整,地形起伏相对小,一般三维图形为长方体、正方体等(图 6-33)。立视图反映的信息量大,地质体之间的关系清晰,从上至下第四系全新统冲积层,第四系上更新统冲积层与白垩系砾岩夹砂砾岩接触关系;粉质亚黏土、淤泥质亚黏土、轻亚黏土、细砂、含砾中细砂、砂卵石、砂砾石、砾石;基岩与覆盖层呈角度不整合;强风化带下限及厚度、弱风化带下限及厚度清清楚楚。

(2)开挖轮廓固定模式:如水电站钢管槽、隔墩、风机塔筒等开挖尺寸规矩,并且都一致;一般为长方体叠加型、圆柱体等,在素描时都画成长方体或正方体(图 6-36),此为最简单的 AutoCAD 绘图,是反映桥基地面起伏特征和基岩面特征,与图 6-35 不同的是只揭示面的形态,而无地质内容。

(3)自然地貌模式:如山(浑圆山包、山脊、山岭、起伏等)、河流、阶地、洪积扇等,地形地貌变化大,形态各异;素描地形地貌时可参考 Google 搜索地图经旋转从不同角度看,选择最佳角度的地貌(见图 6-21)。

(4)综合模式:如地表地形复杂,起伏大,但工程范围内地质内容基本相同或较单一,一般为多个长方体、正方体的组合或不规则体等(见图 6-22)。读者可在实践中去体会,见得多、画得多,熟能生巧,在此不一一介绍了。

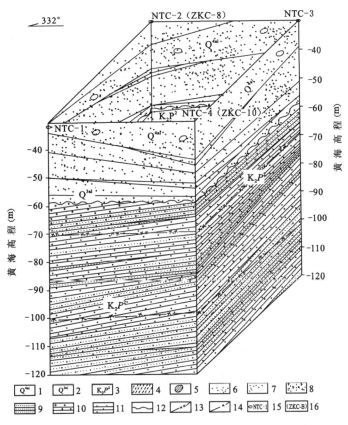

图 6-35 桥墩地基地质立视图

1. 第四系全新统冲积层;2. 第四系上更新统冲积层;3. 白垩系砾岩夹砂砾岩;4. 粉质亚黏土;
5. 淤泥质亚黏土;6. 轻亚黏土;7. 细砂;8. 含砾中细砂;9. 砂卵石;10. 砂砾石;11. 砾岩;
12. 角度不整合界线;13. 强风化带下限;14. 弱风化带下限;15. 钻孔及编号;16. 原钻孔及编号

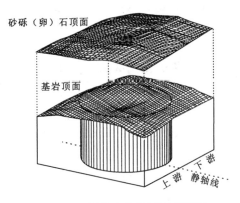

图 6-36 桥墩地基地面及基岩面

# 第七章 地质点描述内容

地质点的种类有地形地貌点，地层岩性控制点，地层、岩性分界线控制点，岩脉点，岩体风化点，断层、裂隙点，水文点，物理地质现象点等。注意所有的点都要有坐标和高程，包括测绘时经过的线路点，为野外验收和复核做好备忘录，所有的点都是为编写报告作准备的，因此，记录要全，图（或照片）文结合。

## 第一节 地形地貌

地貌发育过程复杂，目前尚没有一个完全统一的分类方案，一般采用形态分类和成因分类相结合的分类方法。我国的陆地地貌习惯上划分为平原、丘陵、山地、高原和盆地五大形态类型。根据外营力，通常划分为流水地貌、湖成地貌、干燥地貌、风成地貌、黄土地貌、喀斯特地貌、冰川地貌、冰缘地貌、海岸地貌、风化与坡地重力地貌等。外力地貌一般又可以划分为侵蚀的和堆积的两种类型。根据内营力，通常划分为大地构造地貌、褶曲构造地貌、断层构造地貌、火山与熔岩流地貌等。

就某个点而言，地形地貌是不太好描述具体内容的。但从工程地质测绘来说，每一个地质点所处的地形地貌单元是可以记录一些对建立三维地质模型和报告编写有用之参数的。

### 一、流水地貌

(1)江、河、冲沟。应记录其水系的名称，流向，干流、支流，有无水流或季节性河沟，纵向谷倾角，顺向谷、斜向谷及夹角、逆向谷；横向断面形态："V"字形、"U"字形、"W"字形等，两侧山坡形态和坡角区间值。

(2)河流阶地。一般按组成物质及其结构分为：①侵蚀阶地，由基岩构成，阶地面上往往很少保留冲积物。②堆积阶地，由冲积物组成。根据河流下切程度不同、形成阶地的切割叠置关系不同又可分为：上叠阶地，是新阶地叠于老阶地之上；内叠阶地，新阶地叠于老阶地之内。③基座阶地，阶地形成时，河流下切超过了老河谷谷底而达到并出露基岩。④埋藏阶地，即早期的阶地被新阶地所埋藏；阶地的级数等。

(3)洪积扇。应记录扇顶部坡度，远离山口处的坡度，扇顶与边缘高差等参数。

### 二、山包\山脊\山梁

记录山包的形状，如山包四周坡角；山脊、山梁的走向，起伏形态，纵横向坡度等。

## 三、山坡

除了记录起伏形态、坡角区间值外,层状结构的山坡还应记录顺向坡、逆向坡等。

## 四、其他

根据工程建设和三维地质建模需要有选择性地记录有关的地质内容和有关边界条件。

# 第二节 地层岩性

(1)第四系:堆积物成因(如人工堆积、冲积、洪积、坡积、残积等),颜色,结构特征,物质特性,物质成分,堆积厚度等。

(2)基岩:按沉积岩、火成岩、变质岩三大岩类记录相应的内容。必须注意沉积岩和变质岩的层面和面理的产状;沉积岩岩层的单层厚度、颜色、结构特征、主要矿物成分、风化状态、岩石坚硬程度(各单位有自己专门的填空式地质记录卡片)等。

(3)岩脉:岩脉的名称(如方解石脉,石英岩脉,花岗岩脉,辉绿岩脉等),产状,宽度,出露长度,颜色,结构特征(如伟晶、细晶),矿物成分,风化状态,岩脉内主要结构面方向,脉体破碎程度,岩石坚硬程度;岩脉与围岩的接触关系,与其他岩脉的穿插关系,判断岩脉相互间形成的先后关系;画出切错关系的示意图和产状等,并将各组岩脉编号。

# 第三节 岩体风化

岩石的名称,颜色,风化状态[全、强、弱(弱上、弱下)、微风化],结构特征,疏松状态,矿物变异等。一般地表主要为全风化岩石,不单独定地质点,可在其他地质点中描述。地表出露的强风化岩体,以球状风化为其特征者,需描述块球体的长短轴尺寸、分布范围、坚硬程度、形态等;夹层、囊状风化物性状,产状,几何尺寸等。

# 第四节 构造

## 一、褶皱

基本类型:岩层向上弯曲者为背斜;岩层向下弯曲者为向斜。记录的要素如下。
(1)核。泛指褶皱弯曲的核心部位。
(2)翼部。泛指褶皱核部两侧的岩层。
(3)转折端。泛指褶皱两翼岩层互相过渡的弯曲部分。
(4)枢纽。为褶皱的同一层面上的各最大弯曲点的连线。枢纽可以是直线,也可以是曲线或折线,可以是水平线,也可以是倾斜线;枢纽反映褶曲在延长方向产状变化的情况。

(5)轴面(枢纽面)。连接褶皱各层的枢纽构成的面称为褶皱轴面,可以是平面,也可以是曲面。一般用走向、倾向和倾角三要素来描述。

(6)轴迹。轴面与包括底面在内的任何平面的交线均为轴迹。

(7)脊线与槽线。背斜中同一层面上弯曲的最高点的连线称为脊线;向斜中同一层面上弯曲的最低点的连线称为槽线。

(8)褶轴。是指与枢纽平行的一条直线。该直线平行自身移动的轨迹形成一个与褶皱层面完全一致的面。

(9)倾伏和侧伏。都是测量构造线空间位置的要素。倾伏是一条构造线在该线所在直立平面上与水平面之间的夹角;侧伏角是构造线在它所在平面上与该平面交线之间的夹角。

褶皱一般按产状、形态和组合形态分类(表7-1)。

表7-1 褶皱综合分类

| 褶皱名称 | 轴 面 | 枢 纽 |
|---|---|---|
| 直立水平褶皱 | 近于直立(80°~90°) | 水平(0°~10°) |
| 直立倾伏褶皱 | 近于直立(80°~90°) | 倾斜(10°~80°) |
| 倾竖褶皱 | 近于直立(10°~80°) | 近于直立(80°~90°) |
| 斜歪水平褶皱 | 倾斜(0°~10°) | 水平(0°~10°) |
| 平卧褶皱 | 水平(80°~90°) | 水平(0°~10°) |
| 斜歪倾伏褶皱 | 倾斜(10°~80°) | 倾伏(10°~80°) |
| 斜卧褶皱 | 轴面(10°~80°) | 枢纽倾伏(10°~80°) |

(1)根据褶皱轴面产状,结合两侧产状特点分类。

直立褶皱:轴面近于直立,两翼倾向相反,倾角近于相等。

斜立褶皱:轴面倾斜,两翼倾向相反,倾角不相等。

倒转褶皱:轴面倾斜,两翼倾向相同,倾角可以相等,也可以不相同。

平卧褶皱:轴面近于水平,一翼地层正常,另一翼地层倒转。

翻卷褶皱:轴面弯曲的平卧褶皱。

(2)根据枢纽产状分类。

水平褶皱:枢纽近于水平,两翼的走向基本平行。

倾伏褶皱:枢纽倾伏(倾伏角介于10°~80°之间),两翼走向不平行。

倾竖褶皱:枢纽近于直立。

上述(1)反映横剖面;(2)反映纵剖面。

记录褶皱类型、产状变化区间值、轴部岩体破碎程度。

## 二、断层

包括断层的产状;断面的特征(如平直稍粗、波状等),长度,构造岩的宽度。

(1)若按碎裂岩系描述,则从细到粗分别为断层泥、碎粉岩、碎砾岩、角砾岩、碎裂××岩(如碎裂花岗岩、碎裂片麻岩等)。

(2) 按糜棱岩系列描述，在此不赘述。各构造岩的颜色、胶结程度、风化状态等；断层与其他结构面的交切关系，两盘的相对错距、擦痕、擦槽、镜面产状，判断断层的力学性质：正断层、逆断层、平移断层等；如果是活动断层需取样测年的，应按有关规定取断层泥、断层上未被错断的地层物质。记录取样位置，附剖面图，河流阶地与冲、洪积扇有无位错现象等。

### 三、裂隙

裂隙的性状：张裂隙和剪裂隙、卸荷裂隙，产状，裂面的形态（如平直光滑、平直稍粗、起伏粗糙、粗糙等），长度。

裂隙组数较多时，另附裂隙记录卡片，记录裂隙密度或间距，裂隙中的充填物，如绿泥石、方解石、泥等特质。

裂隙密集带可综合描述，可不另附卡片，其内容与上述相同，但是，对统计范围应量测长边和短边的尺寸，一般用正方形较方便。

## 第五节 水文地质

水的颜色、水质、水量、水温，季节性变化特征，泉水的类型，补排关系，周边地层岩性及风化，断层、裂隙、岩脉等所起的作用。

## 第六节 物理地质现象

物理地质现象是指大量的地质变迁现象，地质现象有滑坡、泥石流、岩崩、岩溶、岩堆（坡积层）、软弱土、膨胀土、湿陷性黄土、冻土、水害、采空区以及强震区（高地应力）等地震次级灾害。天然地震是地球构造运动的一种表现形式，一次强烈地震的发生通常伴随大规模的地震断层或其他地表破坏现象的出现，建筑物倒塌、堤坝裂缝等。

## 第七节 综合描述

野外记录内容是综合性地质观察的记录，要全面、系统，要有连续性，前后描述衔接好、不矛盾。例如进行区域地质测绘，常采用观察点与观察线相结合的记录方法。观察点是地质具有关联性、代表性、特征性的地点，如地层的变化处、构造接触线上、岩体和矿化的出现位置以及其他重要地质现象所在。观察线是连接观察点之间的连续路线，即沿途观察、达到将观察点之间的情况联系起来的目的。观察点、观察线的具体记录内容如下。

观察日期、天气、记录点的地名、坐标、高程（水位），以及从何处经过、到何处去（Forerunner 305 能详细记录时间和地点）都要写得具体清楚，观察点号可用 D、G 和 W 等大写字母开头作为编号来区分地质点和水文点，观察点位置尽可能记详细，如在什么山、什么村的什么方向，距离多少米，是在大道旁还是在公路旁，是在山坡上还是在沟谷里，是在河谷的凹岸还是凸岸等,并在相应的地形图上确定标示出来。

观察目的:说明在本观察点着重观察的对象是什么,如观察某一时代的地层及接触关系,观察某种构造现象(如断层、褶皱等),观察火成岩的现象,这是观察记录的实质部分,观察的重点不同,相应的记录内容也不同。

(1)岩石名称,岩性特征,包括岩石的颜色、矿物组成、结构、构造和工程特性等。

(2)化石情况,有无化石、化石的多少、保存状况、化石名称。

(3)岩层时代的确定。

(4)岩层的垂直变化,相邻地层间的接触关系并列出证据。

(5)岩层产状。

(6)岩层出露处的褶皱状况,岩层所在构造部位的判断,是褶皱的翼部还是轴部等。

(7)岩层节理的发育情况,节理的性状、密集程度,节理的产状、延伸长度与方向,岩体破碎程度;断层存在与否,性质、证据、产状构造岩特征,碎裂岩系从细到粗:断层泥、碎粉岩、碎粒岩、断层角砾岩、断层影响带等糜棱岩系(孙岩,1985)。

(8)地貌(山形、阶地、河曲等),河谷纵、横剖面情况;河谷阶地及其性质,水文、水文地质特征及物理地质现象(如岩溶、滑坡、崩塌、冲沟发育特征,泥石流等的分布)形成条件和发育规律,以及对工程建设的影响等。

(9)标本的编号。取样标本(如岩样、构造岩样、水样等)编号,取样位置记录,并在取样前后照相,同时加以相应的文字说明。

(10)如果观测点为侵入体,除矿化一项不记录外,其他项目都应有相应的内容。如侵入接触关系或沉积接触关系;岩脉、岩墙、岩床、岩株或岩基等;构造部位是褶皱轴部或翼部,是否沿断层或某种破裂面侵入等。上面记录内容应是全面的,但实际运用时应根据观察点的性质而有所侧重。

# 第八章 照片、素描与 AutoCAD 绘图

摄影与 AutoCAD 制图是工程地质勘测用得很多的方法。摄影能表现地质体的真实色彩和地质体之间的相互关系,但有关地质体描述的几何尺寸、产状等要用数字描述,就要到现场测量和后期室内资料整理,把地质最需要的内容用图表示出来。目前用得最多的是在照片上用 AutoCAD 绘图软件绘图,以达到理想的目的。

利用照片画图,一定要放一物体作为比例尺,否则不好描述和定量评价。照片 8-1 是放了物体作比例尺的,但看不清,并且照相点前面有上不去的冰碛物,南、北两侧倾角在 60°以上,坡高 20m 左右,坡面上无草无树,难以攀登上去用物体作比例尺。发现此问题后,现场决定用手持 GPS 测不同位置的高程,用皮尺测水平距离,结果把所测数据放在照片上画出来的图平距和高程基本符合要求(图 8-1)。照片地形地貌轮廓、断层上部覆盖层特征清楚,但基岩的产状、岩性看不清,近距离看大体的特征十分明显,但是,在沟谷里想两全其美真的很难做到,广角镜头变太大,照得着下面,顾不到顶部,所以,现场画一幅素描图,标出断层、岩层产状,描述其特征,最终成图。

照片 8-1 曲拥沟处曾大同断层展布特征

图 8-2 是某水电工程坝基出露的正长岩和沉积岩地层,两岸地形地貌具明显的差别,左岸坡度相对陡,右岸则相对缓,这与岩性有很大的关系,即左岸正长岩抗风化、抗冲刷能力相对强,右岸为紫红色粉砂岩、泥岩等。更为明显的是,接触关系为不整合接触,并非断层接触,这

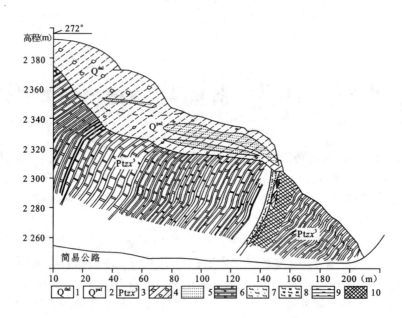

图 8-1 曲拥沟处曾大同断层地质层剖面图

在现场江水为枯水时多处有出露。从照片上看很真实,但是岩性被植被遮挡看不清,于是,想到了实测的剖面,将二者合为一体。在下游实拍的照片,既能反映真实的地貌,也能快速成图,一张照片可多次使用;实测的剖面随着勘测资料的增加,地质内容会发生变化,随时修改,与照片组合成图方便快捷。

图 8-2 岩浆岩和沉积岩接触关系特征

# 第九章 地震地质调查及抗震救灾基本知识

## 第一节 中国地震带

1976年7月28日3点42分53.6秒(北京时间),唐山(北纬39.6°,东经118.2°)发生里氏7.8级地震,震中烈度为Ⅺ度,震源深度12km。唐山大地震是20世纪十大自然灾害之一。这次地震发生在工业城市,人口稠密,损失严重,总共死亡24.2万多人,重伤16.4万多人。这是1976年11月17日至22日举行的中国地震学会成立大会上宣布的。邻近的天津也遭到Ⅷ~Ⅸ度的破坏,有感范围波及重庆等14个省、市、区,破坏范围半径约250km。

地震使交通中断,通讯瘫痪,城市停水、停电,抢修通讯、供水、供电、恢复交通等生命线工程是唐山救灾的最紧迫的任务之一。中央据此迅速布置了各专业系统对口包干支援的任务。邮电、铁道、交通、电力、市政建设等部门立即行动,保证了上述系统工程恢复和重建的顺利进行。地震时正值盛夏,天气炎热,阴雨连绵,疫情严峻,唐山防疫工作采取突击治疗、控制疫病传染源、改善环境、消除病菌传染媒介、预防接种、极大地提高人员抵抗力的综合措施,实行军民结合、土洋并举的办法,把疫病消灭在发生之前,从而创造了灾后无疫的人间奇迹。

震源物理研究表明,该震的震源错动过程较复杂,此次地震后,人们对地震带来的灾难有了深刻的认识。

2001年11月14日17时26分9.8秒,在青海省昆仑山口西发生8.1级地震。震中地理坐标:北纬35.97°,东经90.59°。震级里氏8.1级,震中烈度为Ⅺ度。震中区位于可可西里国家自然保护区内,平均海拔4 600m以上。因震中区人口稀少,绝大部分地区为无人区,无人员死亡报道,仅有2人轻伤,直接经济损失约为3 369.96万元。地震发生在新疆、青海交界的东昆仑断裂西段。东昆仑断裂是一条大型活动左旋剪切断裂,又是青藏高原北部一条强震密集带。这次地震震中在北西西向东昆仑断裂与北东东向次级断裂的交会部位,破裂表现为自西向东单向扩展的特点。规模巨大的地表破裂带总长度达300~400km,总体走向NW80°~85°,具有明显的左旋水平走滑运动性质,最大左错量为6~7m,垂直位错很小,一般不超过1m。

昆仑山口8.1级地震是中国有仪器记录以来最大的一次地震,由于地震发生在人烟稀少的草原上,无人员伤亡,所以对于这次地震知道者极少。此次地震地表破裂十分明显,破裂长度、宽度至今保留完好(照片9-1)。照片为2007年笔者参加湖北省地震学会组织的昆仑山口地震考察时拍摄。

2008年5月12日14时28分04秒,四川汶川、北川发生里氏8.0级地震,震中烈度高达Ⅺ度,地震造成69 227人遇难,374 643人受伤,17 923人失踪。此次地震为新中国成立以来

照片9-1 昆仑山口8.1级地震地表破裂特征

国内破坏性最强、波及范围最广、总伤亡人数最多的一次地震。

影响范围包括震中50km范围内的县城和200km范围内的大中城市。中国除黑龙江、吉林、新疆外,陕西、甘肃、宁夏、天津、青海、北京、山西、山东、河北、河南、安徽、湖北、湖南、重庆、贵州、云南、内蒙古、广西、广东、海南、西藏、江苏、上海、浙江、辽宁、福建等全国多个省(自治区、直辖市)和香港、澳门特别行政区以及台湾地区均有明显震感。其中以川、陕、甘3省震情最为严重。甚至泰国首都曼谷、越南首都河内、菲律宾、日本等地也有震感。

此次地震让全国人民增长了抗震知识,了解了地震次生灾害滑坡、堰塞湖、泥石流等给人们带来的危害。

作为一个地质工作者,尤其是参加抗震救灾的人员,非常有必要知道中国的地震带(图9-1)及一些抗震防震、地震基本知识和安全常识。从图上可以清楚地看出,中国的地震带主要分布在西部云南、四川、青海、山西、宁夏、陕西、甘肃、西藏、新疆等省(市、自治区);北边的河北、山东等省,北京、天津市;东部的台湾、福建等地区。1901年前有记载的8级以上地震分别在山西、陕西、福建、山东、河北、宁夏、云南;1901年后8级以上地震主要发生在银川带、六盘山带、武边-马边带、滇东带的西部地区。前已述及,进入21世纪以来,时间间隔最短的是2001—2008年发生两次8.0级以上的地震。对于抗震设计,有很多的专业技术人员经常把抗Ⅷ度设防说成抗8级地震设防,这是个概念错误。抗8级地震设防,烈度可从0度到Ⅻ度,因为一次地震对应有多个烈度区。下一节将简要介绍与地震相关的一些基本知识。

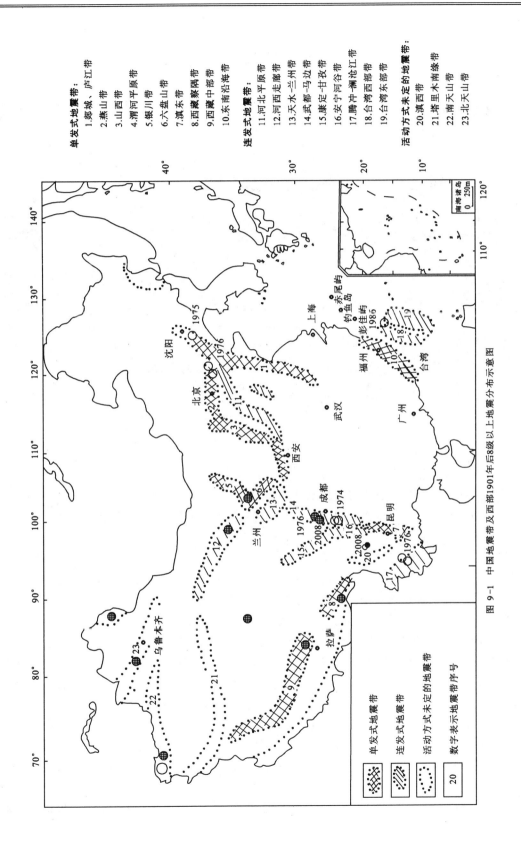

图 9-1 中国地震带及西部1901年后8级以上地震分布示意图

## 第二节 地震相关名词

地震是一种自然现象,就是大地发生震动,地面颠簸摇晃,强烈时人都站立不稳。现将与地震有关的几个名词简述如下(图9-2)。

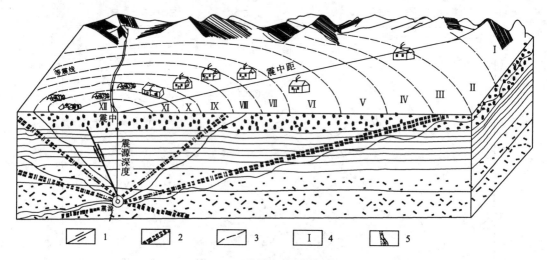

图9-2 地震有关名词示意图
1.断层;2.地震波;3.等震线;4.地震烈度;5.河流在地震时改道

震源——震动的发源处称之为震源。
震中——地面上与震源正对着的地方称为震中。
震中距——地面其他地方到震中的距离叫震中距。
震源距——地面其他地方到震源的距离叫震源距。
震源深度——震中到震源的垂直距离。
极震区——震中附近地表面和建筑物破坏最严重的地区叫极震区。
等震线——在图上把地面破坏程度相似的各点连成封闭的曲线叫等震线。
距震中越远,震动越弱。很多次地震现场调查表明,震中和地面破坏最强烈的地方不是一一对应的,而是在沿发震断层及断层上盘或下盘偏离一定距离的地方。
地震的震级——表征地震强弱的量度,通常用字母 M 表示,它与地震所释放的能量有关。如一个6级地震释放的能量相当于原子弹所具有的能量。震级每相差1.0级,能量相差大约32倍;每相差2.0级,能量相差约1 000倍。目前世界上最大的地震的震级为8.9级。
按震级大小可把地震划分为以下几类:
弱震震级小于3级。如果震源不是很浅,这种地震人们一般不易觉察。
有感地震震级等于或大于3级、小于或等于4.5级。这种地震人们能够感觉到,但一般不会造成破坏。
中强震震级大于4.7级、小于6级。属于可造成破坏的地震,但破坏轻重还与震源深度、震中距等多种因素有关。

强震震级等于或大于6级。其中震级大于等于8级的又称为巨大地震。

发震时刻、震级、震中统称为"地震三要素"。

地震时人们会感到震动和摇晃,房屋墙上出现"X"形裂缝,水库坝体上形成张开裂缝等现象与地震波的波形有关。弹性理论中描述弹性体的形变有两种形态:一是压缩形变,一是剪切形变。由这两种形变相应产生两种波形,即压缩波(P波)和剪切波(S波)(图9-3),这两种波可以在无限介质内传播,因此也称为体波。地震波传播较为复杂,根据地震记录仪器记录到的波和振幅可分析计算出地震震级和震源深度等。

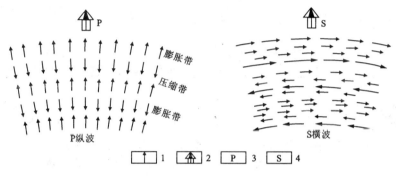

图9-3 纵波(P波)和横波(S波)传播示意图
1.质点振动方向;2.波的运动方向;3.纵波;4.横波

地震波一般分为纵波(P波)和横波(S波)。

纵波——介质质点的振动方向与波的传播方向一致,也称压缩波(图9-3纵波),由于压缩波是由体积形变引起的,在传播过程中,质点振动在介质中形成压缩带与膨胀带相间出现,压缩波可以存在于固体、气体、液体介质中。

横波——介质质点的振动方向垂直于波的传播方向(图9-3横波),也称为剪切波。剪切波是由于剪切形变产生的弹性波,只有固体才能传播剪切波,而气体和液体不受剪切变形的影响,故不会产生剪切波。

除了在介质内部同时出现纵波和横波之外,在靠近边界面附近还将出现另一种波,那就是面波。地球表面为固体与空气接触面,这个面的弹性性质差异最大,我们可以认为它是一个半无限平面,在这个表面所产生的面波称为瑞雷面波,它有比纵、横波更为突出的特征:其一,沿自由表面传播,且只存在于地表某一深度范围内;其二,质点的振动只局限在沿波传播方向与界面垂直的平面内,质点振动轨迹为椭圆;其三,波速约为横波速度的0.9倍。

地震研究部门在报道某地区发生的地震时,一般有时间、地点、震级、震源深度,其中,发震时刻、震级、震中统称为"地震三要素"。地震的震级和烈度不是一回事,前者是表示地震能量,即震级是指地震的大小,是以地震仪测定的每次地震活动释放的能量多少来确定的。地震愈大,震级的数字也愈大。地震相差1级,通过地震被释放的能量相差约32倍。我国目前使用的震级标准,是国际上通用的里氏分级表,共分9个等级,各级地震释放的能量是不一样的,也不是倍数关系(表9-1)。

表 9-1 地震的能量

| 震 级 | 能量(尔格) | 震 级 | 能量(尔格) |
|---|---|---|---|
| 0 | $6.3 \times 10^{11}$ | 5.0 | $2.0 \times 10^{19}$ |
| 1.0 | $2.0 \times 10^{13}$ | 6.0 | $6.3 \times 10^{20}$ |
| 2.0 | $6.3 \times 10^{14}$ | 7.0 | $2.0 \times 10^{22}$ |
| 2.5 | $3.55 \times 10^{15}$ | 8.0 | $6.3 \times 10^{23}$ |
| 3.0 | $2.0 \times 10^{16}$ | 8.5 | $3.55 \times 10^{24}$ |
| 4.0 | $6.3 \times 10^{17}$ | 8.9 | $1.4 \times 10^{25}$ |

注：尔格：能量单位。1度电(1千瓦小时)＝ $3.6 \times 10^{13}$ 尔格

## 第三节 地震烈度特征表

为了衡量地震的破坏程度，对地震研究又"制作"了另一把"尺子"——地震烈度。地震烈度与震级、震源深度、震中距，以及震区的土质条件等有关。烈度是地震对地面建筑物和地表的破坏程度，表示地面运动的强度，也就是破坏程度。由于用烈度在抗震设计计算时要换算，现将烈度与地震加速度的关系列于表 9-2。

表 9-2 抗震设防烈度和设计基本地震加速度值对应关系

| 抗震设防烈度(度) | Ⅵ | Ⅶ | Ⅷ | Ⅸ |
|---|---|---|---|---|
| 设计基本地震加速度值(g) | 0.05 | 0.10(0.15) | 0.20(0.30) | 0.40 |

注：g 为重力加速度。

烈度的衰减与震级的大小、距震源的远近、地面状况和地层构造等因素有关；一次地震只有一个震级，而在不同的地方会表现出不同的烈度。烈度一般分为Ⅻ度(表 9-3)，它是根据人们的感觉和地震时地表产生的变动，还有对建筑物的影响来确定的。就烈度和震源、震级间的关系而言，震级越大，震源越浅，烈度也越大。同样大小的地震，造成的破坏不一定相同；同一次地震，在不同的地方造成的破坏也不一样。

一般来讲，一次地震发生后，震中区的破坏最重，烈度最高，这个烈度称为震中烈度，也有称为极震区烈度。从震中向四周扩展，地震烈度逐渐减小，所以，一次地震只有一个震级，但它所造成的破坏，在不同的地区是不同的。也就是说，一次地震，可以划分出好几个烈度不同的地区。这与一颗炸弹爆炸后，近处与远处破坏程度不同的道理一样。炸弹的炸药量，好比是震级，炸弹对不同地点的破坏程度，就是烈度。不同烈度的地震，其影响和破坏大体如下：小于Ⅲ度时，一般人无感觉，其他动物有反应，微震仪器能记录到；Ⅲ度时，在夜深人静时人有感觉；Ⅳ～Ⅴ度时，睡觉的人会惊醒，吊灯摇晃；Ⅵ度时，器皿倾倒，房屋轻微损坏；Ⅶ～Ⅷ度时，房屋受到破坏，地面出现裂缝；Ⅸ～Ⅹ度时，房屋倒塌，地面破坏严重；Ⅺ～Ⅻ度时，呈毁灭性的破坏。

表 9-3 中国地震烈度表

| 烈度 | 在地面上人的感觉 | 房屋震害程度 | | 其他震害现象 | 水平向地面运动 | |
|---|---|---|---|---|---|---|
| | | 震害现象 | 平均震害指数 | | 峰值加速度($m/s^2$) | 峰值速度(m/s) |
| I | 无感觉 | | | | | |
| II | 室内个别静止中的人有感觉 | | | | | |
| III | 室内少数静止中的人有感觉 | 门、窗轻微作响 | | 悬挂物微动 | | |
| IV | 室内多数人、室外少数人有感觉，少数人梦中惊醒 | 门、窗作响 | | 悬挂物明显摆动，器皿作响 | | |
| V | 室内普遍、室外多数人有感觉，多数人梦中惊醒 | 门窗、屋顶、屋架颤动作响，灰土掉落，抹灰出现微细裂缝，有檐瓦掉落，个别屋顶烟囱掉砖 | | 不稳定器物摇动或翻倒 | 0.31 (0.22~0.44) | 0.03 (0.02~0.04) |
| VI | 多数人站立不稳，少数人惊逃户外 | 损坏——墙体出现裂缝，檐瓦掉落，少数屋顶烟囱裂缝、掉落 | 0~0.10 | 河岸和松软土出现裂缝，饱和砂层出现喷砂冒水；有的独立砖烟囱轻度裂缝 | 0.63 (0.45~0.89) | 0.06 (0.05~0.09) |
| VII | 大多数人惊逃户外，骑自行车的人有感觉，行驶中的汽车驾乘人员有感觉 | 轻度破坏——局部破坏，开裂，小修或不需要修理可继续使用 | 0.11~0.30 | 河岸出现塌方；饱和砂层常见喷砂冒水，松软土地上地裂缝较多；大多数独立砖烟囱中等破坏 | 1.25 (0.90~1.77) | 0.13 (0.10~0.18) |
| VIII | 多数人摇晃颠簸，行走困难 | 中等破坏——结构破坏，需要修复才能使用 | 0.31~0.50 | 干硬土上亦出现裂缝；大多数独立砖烟囱严重破坏，树梢折断；房屋破坏导致人畜伤亡 | 2.50 (1.78~3.53) | 0.25 (0.19~0.35) |
| IX | 行动的人摔倒 | 严重破坏——结构严重破坏，局部倒塌，修复困难 | 0.51~0.70 | 干硬土上出现许多地方有裂缝；基岩可能出现裂缝、错动；滑坡塌方常见；独立砖烟囱许多倒塌 | 5.00 (3.54~7.07) | 0.50 (0.36~0.71) |
| X | 骑自行车的人会摔倒，处不稳状态的人会摔离原地，有抛起感 | 大多数倒塌 | 0.71~0.90 | 山崩和地震断裂出现；基岩上拱桥破坏；大多数独立砖烟囱从根部破坏或倒毁 | 10.00 (7.08~14.14) | 1.00 (0.72~1.41) |
| XI | | 普遍倒塌 | 0.91~1.00 | 地震断裂延续很长；大量山崩滑坡 | | |
| XII | | | | 地面剧烈变化，山河改观 | | |

注：表中的数量词："个别"为10%以下；"少数"为10%~50%；"多数"为50%~70%；"大多数"为70%~90%；"普遍"为90%以上。

## 第四节　资料收集

抗震救灾时常常遇到大坝的险情评价和设计处理方案问题,其中集雨面积是一个很重要的数据。但是,有很多水库上游的积雨面积是个未知数,也没有较实用的地形图,这就需要参加抗震救灾的技术人员估算积雨面积。在这种情况下,最快、最方便的就是利用 Google 地图,通过旋转能看清分水岭,按图上的比例勾出集雨范围,计算出面积。

了解水库的类型。我国水库按库容(或坝高)分为大型、中型、小型3个类型(表9-4),其中,大型又分为大(1)型和大(2)型,小型又分为小(1)型和小(2)型。利用最近更新或前一两年的 Google 地图,通过旋转能看出水库左、右岸岸坡的陡缓和岸坡的崩塌情况。

表9-4　水利水电工程分等指标

| 工程等别 | 工程规模 | 水库总库容（×$10^8 m^3$） | 过闸流量（$m^3/s$） | 防洪供水 | | 治涝面积（$10^4$ 亩） | 灌溉面积（$10^4$ 亩） | 发电装机容量（$10^4 kW$） | 泵站 | |
|---|---|---|---|---|---|---|---|---|---|---|
| | | | | 保护城镇和工矿企业及供水的重要性 | 保护农田（$10^4$ 亩） | | | | 装机流量（$m^3/s$） | 装机容量（$10^4 kW$） |
| Ⅰ | 大(1)型 | ≥10 | ≥5 000 | 特别重要 | ≥500 | ≥200 | ≥150 | ≥120 | ≥200 | ≥3 |
| Ⅱ | 大(2)型 | 10～1.0 | 5 000～1 000 | 重要 | 500～100 | 200～600 | 150～50 | 120～30 | 200～50 | 3～1 |
| Ⅲ | 中型 | 1.0～0.10 | 1 000～100 | 中等 | 100～30 | 60～15 | 50～5 | 30～5 | 50～10 | 1～0.1 |
| Ⅳ | 小(1)型 | 0.10～0.01 | 100～20 | 一般 | 30～5 | 15～3 | 5～0.5 | 5～1 | 10～2 | 0.1～0.01 |
| Ⅴ | 小(2)型 | 0.01～0.001 | <20 | | <5 | <3 | <0.5 | <1 | <2 | <0.01 |

调查水利水电、堤防、引水等工程与震损有关的内容和震损情况:坝基地质条件、坝体填筑材料、库内水位;坝体有无滑坡、陷坑、漏洞,纵横向裂缝规模、坝体,或大堤背水侧有无散浸、渗漏、管涌,管涌至大堤的距离、涌沙坑的直径、深度等,检查溢洪道是否畅通,放水闸、放水管阀门、起动设备是否运行正常;访问水库内养殖鱼的类型,虾、蟹等具有洞居和打洞习性的其他水中生活动物,为分析坝坡滑坡、塌陷成因提供第一手材料,为设计处理方案提供依据。

调查上坝公路是否畅通,公路边坡有无塌方和滑坡,观察抢险设备进场有无障碍。

# 第十章 统计计算方法应用

——$N+1$ 预测方法在堰塞湖应急处理中的探讨

## 第一节 问题提出

我国地域辽阔,各种灾害难以避免,尤其是西南地区,地质构造复杂,水系发育,是地质灾害多发地区。其中,特大、大型堰塞湖屡见不鲜,中小型则到处可见。由于西南河谷多呈高山峡谷长条型,两侧岸坡坡角较陡,加之水系发育,汇水面积较大,一旦形成堰塞湖后,由于湖内容积、各支流入湖流量、降雨以及堰体渗漏等因素,使得堰塞湖水溢出堰顶的计算具有很多不确定因素,增加了科学决策和合理设计处置方案的难度。于是,本书按传统的方法在计算机趋势分析与预测的基础上,选择计算因子和建立数学模型,即利用已知测量数据得出趋势线,然后利用趋势线上 $N+1$ 天的理论值作为已知数参与下一循环计算;当 $N+1$ 天观测数据为已知时,对比分析第 $N$ 天趋势线上 $N+1$ 所推测的数据误差,依此类推,直到第 $N$ 天趋势线上 $N+1$ 所推测的数据与观测值误差较小时,选择此次计算时显示的数学模型作为决策和设计方案的依据。

## 第二节 研究现状

$N+1$ 趋势预测在大型工程危险源应急处置中的研究是一种尝试,国际国内尚未见到相同内容的报道。其原因较多,大型堰塞坝在西南几条大的流域上到处可见,只是形成年代已久,没有相关的水文资料和溃坝记录,但河流改道和河谷向某一岸凸出,在一定的高程上留有沉积物是最典型的实例,可惜的是没有记录资料可考。其他研究方法所需参数不易获得,如堰塞湖的容积,堰塞湖及上游积雨面积等受现有地理信息资料所限,即使有也是残缺不全且精度不高,给计算和预测带来很多不便。$N+1$ 趋势预测只与所研究的地段水位上升值有关,而与堰塞湖区和上游区积雨面积无关,其主要应用于长而窄的河流上形成的大型堰塞湖对大型工程危险性的预测研究。

## 第三节　堰塞湖水位上升规律分析

### 一、一般规律

堰塞湖多数在地震和连续大雨或暴雨过程中发生。由于河谷过水断面多为上宽下窄的梯形，加上支流多而且延伸长（照片10-1），因此，在一般情况下，即没有气象异常的情况下，可分为3个阶段：初始阶段，水位开始上升时，上升速度快，多呈直线上升，且斜率较大；极值阶段，上游支流出水口水位与堰塞湖水位存在有一定的落差时，水流下泄速度快，堰塞坝前水位上升值将最大；下降阶段，当上游各支流出水口水位与堰塞湖水位持平或堰塞湖水倒灌进入支流时，堰塞湖坝前水位上升速度迅速减小。

由此可见，随着时间的推移，堰塞湖内水位逐渐上升，达到某一极值后，堰塞湖容积逐渐增大，水位上升的速度与时间（天）总体上呈反比，即每天水位上升值由大变小，这个规律给我们计算水位上升到溢出堰塞坝的时间奠定了基础。

照片10-1　唐家山堰塞湖区水系特征

### 二、特殊情况分析

因大型堰塞湖记录的资料极少，本书根据唐家山堰塞湖收集的资料将特殊情况分为如下4种：其一，堰塞湖及上游积雨区下小雨，局部大雨，在此种情况下，理论上水位上升应比未下雨前上升速度快，即下雨后堰塞湖内水位每天上升量比下雨前理论上应略有增加，但实际情况并非如此，如唐家山堰塞湖在2008年5月24日—26日下小雨，局部地区下大雨，观测资料表明,25 日堰的上游治城水文站水位每日上升值与 24 日水位上升值相比并未增大,反而减小(图 10-1)(中国科学院数学研究所统计组,1979),直到 26 日,水位上升值与 25 日水位上升值相比略有增大,但仍小于 24 日上升值,湖水日上升值有滞后现象;其二,5 月 29 日—31 日堰塞湖及上游积雨区下小雨,资料显示,30 日水位上升值较 29 日略有上升,31 日较 30 日上升值基本一致;其三,6 月 5 日—6 日堰塞湖及上游积雨区下中—大雨,在此种情况下,6 月 6 日较 5 日湖水上升量没有明显的变化,7 日较 5、6 两日上升值略有增大;其四,无雨的情况下水位每天上升量与上述一般情况相吻合,每日上升量呈波状,正、负值在 0.3m 以内,且总体呈下降趋势。

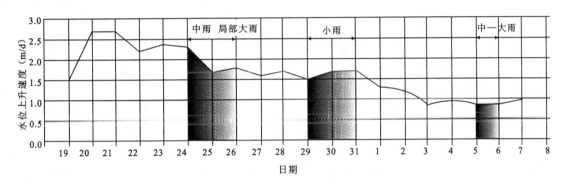

图 10-1 唐家山堰塞湖水位日上升值与降雨对比分析图

综上所述,特大型堰塞湖及上游积雨区内间断地下小雨、中雨,局部地区下大雨,中—大雨,对水位的上升影响较小,并且有滞后现象,雨停水位上升量减小。下雨持续时间小于无雨天数,水位每天上升量呈震荡形态,但总体为下降趋势。分析原因,主要为下雨入湖量与堰塞湖容积有关,随着时间的推移,湖内水位不断上升,湖水面积也随着增大,水位上涨总体呈下降趋势;长条峡谷型堰塞湖两侧岸坡较陡,下雨洪水来得快,消得也快,所以,雨停湖内水位上升量迅速减小。

在大型长条峡谷型堰塞湖区,间断下雨或不下雨,湖内水位上升量有其共同的特点:水位上升值总体呈递减趋势,即开始时每天上升值较大,如唐家山堰塞湖开始蓄水时最大上升值达 2.7m/d,随着容积不断增大,水位上升量逐渐减小,唐家山堰塞湖 2008 年 6 月 7 日湖水上升量不到 1.0m/d。由此可见,随着时间的推移,湖内容积与时间成正比,导致水位上升量与时间成反比。

# 第四节 实例分析

## 一、数学模型选择

常规的直线回归计算方法比较简单,测出每天水位上升量与堰塞坝顶高程,可用以下公式计算:

$$H_y = H_b + Kx$$

式中，$H_y$ 为堰塞湖坝前水位(m)；$H_b$ 为观测时起始水位(m)；$K$ 为系数；$x$ 为时间(d)。

但是，堰塞湖内水位上升量是个变数，如前所述，唐家山堰塞湖内水位开始上升最大达到 2.7m/d。5月31日至6月1日水位可上升到742 m，水位的上升受降雨、堰塞湖的容积影响，每天水位的上升值是个变量，这对设计方案和决策是不利的。因此，采用直线预测堰塞湖水位的趋势是不可取的。按这个常量计算在6月4日左右，水位可上升到752m，即堰塞湖水溢出堰顶。于是，本书选择了 Word 文档中插图表内的计算方法，并选择直线型函数、对数函数和多项式函数，用每天观测水位点图，然后添加趋势线，从趋势线上读出 $N+1$ 天堰塞湖中的水位值作已知值，再作图并添加趋势线。当 $N+1$ 天观测值测出后与趋势值对比，直到观测值与趋势值误差较小时，观察水位的长期趋势，经作图分析，对数函数的趋势值明显偏小，直线函数趋势值受观测值变化的影响波动较大，故本书选用多项式函数作为趋势分析的数学模型，即：

$$H_y = Ax^2 + Bx + C$$

式中，$H$ 为堰塞坝坝前水位(m)；$A$、$B$ 为二次函数系数(m)，输入计算表格后自动生成；$x$ 为时间(d)。

在实际应用该方法时，坝前水位坐标轴的次生坐标可取值为1，横轴坐标为日期，这样便于在图上直接观看。如果要计算，可显示函数式，只需将 $X$ 用第 $N$ 天代入即可，但计算还是很麻烦，不如直接从图上读数方便。假设时间要精确到小时，只将次生轴 $X$ 和 $Y$ 坐标细化，将天分为24小时，那么第二天即为48小时，图上可标注1,2,3,…,24,25,…,72,…依此类推。在图上读出水位趋势线与纵坐标上标注的水位交点，即为第 $N$ 小时时堰塞湖坝前应达到的水位点。需要说明的是，本书为了图件清晰，纵坐标次生坐标间隔值取的10，横坐标取的是天为单位。

## 二、计算结果

从分析图上可知，自2008年5月21日唐家山堰塞湖开始观测水位起，观测量5天后到5月25日(即堰塞湖人工泄流渠开始施工日期)，堰塞湖坝前水位趋势线显示：在6月3日—4日达到740m，6月5日—6日达到742m(图10-2)；到5月31日时，堰塞湖坝前水位趋势线显示：在6月5日—6日达到740m，6月7日—8日达到742m(图10-3)；到6月2日时，堰塞湖坝前水位趋势线显示：在6月6日—7日达到740m，实际是6月7日零点达到人工挖泄洪渠底板高程740m(图10-4)。

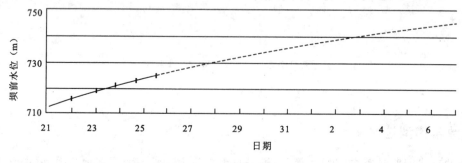

图10-2  2008年5月25日坝前水位 $N+1$ 法趋势分析
——坝前水位(m)；-----趋势线

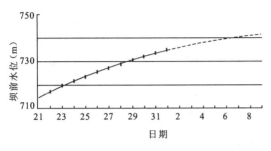
图 10-3 5月31日水位 $N+1$ 法趋势分析图
——坝前水位(m); -----趋势线

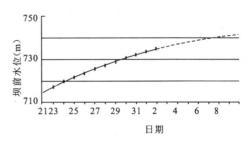
图 10-4 6月2日水位 $N+1$ 法趋势分析图
——坝前水位(m); -----趋势线

经过慎重考虑,众多专家会商,人工开挖泄洪渠底高程按 740~742m 设计较为稳妥。假如以 740m 为设计人工开挖泄洪渠底高程,5月25日到6月5日(或6日)尚有时间9~10天;假如以 742m 为设计人工开挖泄洪渠底高程,尚有时间 11~12 天;此时的问题是考虑堰塞湖下游人员转移的问题,按照5月31日观测到的水位和每天上升速度,在不出现特大暴雨和极端情况下,水位上升到人工开挖渠底高程 742m 与5月31日推测的时间还有7天,对堰塞湖下游人员转移时间很宽裕;预测结果与实际水位上升到设计渠底高程的时间基本一致。

## 第五节 讨论与结论

$N+1$ 预测趋势分析计算方法,用于大型堰塞湖应急处置方案设计和决策。通过实例分析认为,该方法旨在将复杂的计算问题简单化,适用于水系呈网络状复杂的水文地质环境,不用考虑堰塞湖区容积的计算,湖区及上游积雨面积的计算,汇入堰塞湖内水的体积等不易获得的精确信息和资料。

利用为数不多的观测资料,提前一个时段,分析其水位上升规律,找出相应的函数关系,计算方法快捷;适应性强,分析灵活,对应关系明了,观测数据输入、预测结果显示迅速,将一系列的数据自动图形化,观看方便,无论是内行还是外行一看就明白。

解决了堰塞湖区及上游积雨区下雨滞后对水位上升造成的不确定变化问题。分析表明,$N+1$ 预测趋势分析计算方法,只需输入每天水位上升量,把趋势线上的读数作为已知数,逐渐逼近,并根据实际工作的需要,推测的时间选择所需预测的日期,为设计和决策切合实际的处置方案提供了科学、明了和准确的依据(照片 10-2)。

不足之处是,就目前而言,处置大型、特大型堰塞湖所积累的资料不多,实践经验较少。在一般情况下,堰塞湖的体积是水位越向上涨,湖区面积逐渐增大,相应的容积逐渐增大,也就是随着时间的推移,容积和时间成正比;每天水位上升量与时间成反比。如果不具备这两点,那么如何选择数学模型则是关键,这还有待于进一步地实践和探讨。

照片 10-2　唐家山堰塞湖按设计开挖泄水槽放水顺利排除险情(杨启贵设计大师提供)

# 第十一章 综合运用

上述所有地质点应附上照片或素描图,除了在地形图上标注地质点外,还应说明各点之间的相互关系,如断层点 G10、G16 和 G30 相连等,岩脉点、地层界线等测绘内容需连成线的点依此类推,便于最终清绘成正规的地质图,为编写报告提供插图、照片、统计表等。

阅读和了解了第一章至第十章的基本内容,在野外工作时,需根据工作大纲的任务和工作细则具体实施,不同的要求需记录不同的内容。进行野外地质观察必须做好记录,地质记录是最宝贵的原始资料,是进行综合分析和进一步研究的基础,也是地质工作成果的表现之一。

野外地质记录要客观地反映实际情况,即根据所定的地质点,看到什么地质现象就记什么内容,如实反映,不能凭主观随意夸大、缩小或歪曲,更不能伪造资料。当然,允许地质工作者对地质现象进行分析和判断,这样有助于提高地质工作者的观察能力和预见性,促进对问题的深化认识。记录要简洁、有条理、清晰而美观、文字通顺,这是衡量记录好坏的一个标准。一般记录卡片分为三大块,记录卡的上部一般记录地质点的地理位置、坐标、高程;中部为地质描述,内容见第七章;下部为画素描图的位置。千万别小看一张记录卡片,一幅图文并茂的地质记录卡片,就是地质勘测报告的基础资料。图是表达地质现象的重要手段,许多现象仅用文字是难以说清楚的,必须辅以插图,尤其是一些重要的地质现象,包括原生沉积的构造、结构、断层、褶皱、节理等构造变形特征,火成岩的原生构造、地层、岩体及相互的接触关系、矿化特征,以及其内、外动力地质现象,如断层的擦痕、阶步,滑坡的剪出形态等,要尽可能地绘图表示,并和照片相对应。一幅好的图件,其价值远远超过单纯的文字描述。

沿途观察、记录相邻观察点之间的各种地质现象,使点与点、块与块之间连接起来,绘制成三维地质图(图 11-1)。此图可多方位旋转,只是绘制此图时需要的信息量非常大,制作的时间也长。图 11-2 是传统的手工绘制立视图,反映的信息量也大,地形地貌与工程建筑物的关系,岩体风化、结构面特征、泉水分布、钻孔布置、交通等地质条件融为一体,站在白岩尖山上画出地貌形态,边走边增加地质内容。

画图目的:不同的图有不同的目的和用途,具体要根据勘测需要而定。如三峡工程二期围堰在不同的部位其粉细砂的厚度不一,编制三维图时就要清晰地反映出来,为设计处理方案提供依据。桥墩、靠船墩要反映基岩面的起伏特征、覆盖层性状等特征,为设计施工钢围堰提供依据。开挖坝基、船闸边坡上的块体,为地质缺陷处理提供依据。施工房屋地基覆盖层的结构、岩性、地下水位、各层力学参数等内容,为房屋地基处理及基础型式提供依据,等等,都是要为达到各自的目的、反映问题而作图,其具体的应用在第二篇中分类叙述。

综合传统方法,利用现代科技产品,将地质信息输入内存较大的平板电脑里,利用网络将在野外收集的信息及时确认、编辑、分析和处理,分工合作,将所有图片信息数字化、说明文字快速形成电子文档,使收集的地质信息在较短的时间内传到技术主管(总工程师、副总工程师)

的工作平台上。技术主管随时发出指令,互通情报,使野外地质信息收集和室内资料整理程序化、系统化。

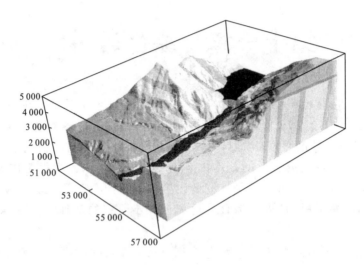

图 11-1 采用 CATIA 软件制作的三维地质图

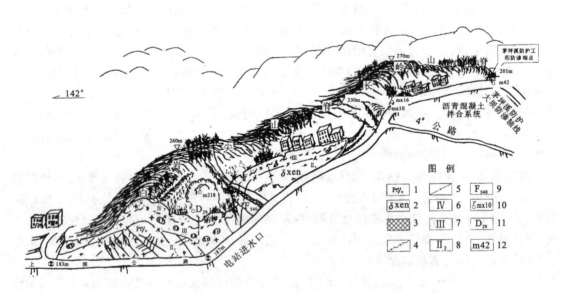

图 11-2 三峡茅坪溪防护工程泄水洞长岭山段立视图

1. 闪云斜长花岗岩;2. 闪长岩;3. 碎裂花岗岩;4. 全风化带下限;5. 强风化带下限;6. 全风化带;7. 强风化带;
8. 弱风化带上部;9. 断层及编号;10. 地下水位观测孔;11. 三峡大坝钻孔及编号;12. 茅坪溪防护工程钻孔及编号

# 第二篇
## 应用实例

# 第十二章 实例1 热水塘温泉成因分析

## 第一节 研究目的与绘图说明

沿热水塘断层呈带状分布有温泉、地热,温度最高为53℃,调查温泉、地热与断层的空间展布关系,分析判定温泉的成因。

研究工作主要包括收集区域地质构造资料,分析研究热水塘断层在区域构造中的位置;查清断层的空间展布、规模、性质,研究断层活动性,判定断层最新活动年代及活动强度;调查断层沿线温泉和地温异常的分布特征和成因;分析温泉和地温异常对工程建设的影响;收集地震活动及测震资料,分析、研究地震活动与断层的关系;对断层活动性作综合评价。

绘图构思时,原稿野外地质素描图,由两幅在不同位置(汤得、金沙江热水塘)画的素描图拼接而成。在画地形地貌时,因铅笔较硬(野外记录规定铅笔硬度要在2H以上),采用"皴"法线条不均匀,现场把素描图拍成照片拼接后,采用PS(photoshop)软件中的模仿工具处理成最终图的地形地貌形态;地层岩性、断层、热水循环箭头、图例、注记等是用绘图软件AutoCAD绘制而成,最终在AutoCAD绘图软件里将地形地貌、地层岩性等内容合并成一张完整的图。地质信息处理方面,考虑了研究区内为盖层和褶皱基底二元结构特点,温泉及地热的出露范围、展布方向与热水塘断层的相互关系,断层的活动性,产生地热的环境及水化学分析等,将众多背景资料融会在一幅三维概化图上,使冗长而繁杂的地质信息变得清晰明了。

## 第二节 基础资料

### 一、地形地貌

研究区位于云南省禄劝县与四川省会东县的金沙江分界河段,地处青藏高原东南部川滇山地区,主要属山原峡谷地貌。地貌结构是以丘状高原面或分割山顶面为"基面",基面之上有山岭,基面下为河谷和盆地。其基面大致由西北向东南倾斜。

断层沿金沙江河谷分布,断层穿过的河段受构造、岩性控制,地形地貌有较大差异。尖山包—河门口河段为顺、斜向谷,河谷形态具双层结构,下陡上缓,呈喇叭形(照片12-1)。其下部(大约900~950m高程)穿切震旦系、二叠系灰岩,呈峡谷型;上部为上三叠统和侏罗系紫红—红色砂、泥岩,河谷宽缓,岸坡坡度20°~30°。谷底切割较深,河谷中第四系覆盖层厚度60~70m。

照片 12-1　热水塘断层尖山包至水文站河谷地貌全景（镜向西）

## 二、地层岩性

区内地层由基底和盖层双层结构组成。基底为元古宇碎屑岩、火山碎屑岩及碳酸盐岩浅变质岩组成的褶皱基底。盖层发育不全，研究河段内仅分布有上震旦统、下二叠统、上二叠统峨眉山玄武岩、上三叠统—第三系（古近系＋新近系），缺失下震旦统、寒武系—石炭系、中下三叠统（图 12-1），金沙江右岸河间地块上下游均为变质岩相对隔水层。各系地层中除震旦系与中元古界明显呈角度不整合外，其他多为平行不整合。

## 三、地质构造

研究区大地构造属扬子准地台西部所属康滇地轴的中南部。扬子准地台西部的康滇地轴是一个形成历史早、呈南北向长期隆起的活动带。区域构造格架以南北向断裂为主，自西向东主要有程海断裂、磨盘山-绿汁江断裂、安宁河断裂及汤郎-易门断裂、普渡河断裂、小江断裂等，规模大，切割深，

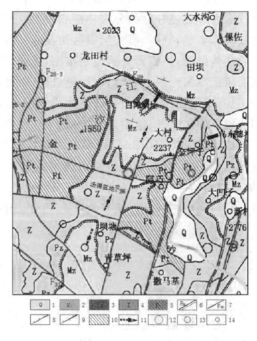

图 12-1　研究区地质图
1. 第四系；2. 中生界；3. 古生界；4. 震旦系；5. 前震旦系；
6. 中更新世活动断裂；7. 一般断层；8. 正断层；9. 逆断层；
10. 相对隔水层；11. 水流方向；12. M＝5.9～5.0；
13. M＝4.9～4.0；14. M＝3.9～3.0

控制本区沉积建造、岩浆活动，以及构造变形的发生和发展。受其控制，区域构造基本特征主要表现为呈南北向断块升降，形成以南北向为主的断块构造特征。

热水塘断层发育于以普渡河断裂带和汤郎-易门断裂为东、西边界的断块内（南北向），系

近东西向(北西西向)断裂系中一条规模较小的次级断层,新构造运动以来,受上新世末喜马拉雅运动印度板块的强烈推挤作用,青藏高原强烈隆起,受其影响,整个川滇地区强烈抬升,断裂继承性活动、断块升降差异活动显著,高原面解体,形成受深大断裂控制的规模不等的断块或地块。在此背景下,川滇地区形成鲜水河断裂—安宁河断裂—则木河断裂—小江断裂为北东侧、东侧边界,金沙江断裂—红河断裂为西及西南侧边界的"川滇菱形块体"新构造活动格局。特别是第四纪以来,在印度板块向北东的持续作用下,青藏高原物质流向南东侧向迁移推挤,"川滇菱形块体"向南东滑移,块体边界断裂强烈走滑活动,并逐步增强,形成以本区的"川滇菱形块体"向南东持续滑移为主的现代断块构造活动格局。其边界断裂活动强烈,块体内断裂活动相对较弱,这一活动格局延续至今,控制本区现今构造活动及地震活动,形成强震活动主要发生在"川滇菱形块体"边界上,块体内地震活动相对较弱的地震活动格局。

强震活动主要受近南北向断裂控制,呈带状分布,特别是"川滇菱形块体"边界断裂带地震活动强烈,形成川滇地区两大强震活动系列带,即鲜水河-安宁河-则木河-小江强震活动带和巴塘-大理-通海强震活动带。"川滇菱形块体"内断裂活动相对较弱,未发过7级地震,最大为1955年鱼鲊6.7级地震。

热水塘断层分布地区,历史上无破坏性地震记载,现今仪器记录小震活动稀少,更无小震沿断层集中成带现象,属地震活动非常弱的地区。

# 第三节 断层基本特征

## 一、空间展布特征

从Google地图上可以看出,从西向东自金沙江北岸德塔至南岸金沙江乌东德长江委水文站江边,有一条较清晰的线性影像(图12-2),走向290°~300°。其中尖山包村—河门口上游、河门口下游—阴地沟上游、阴地沟下游—江边线性影像连续,显示断裂构造迹象。

图12-2 热水塘断层展布影像图

研究表明,热水塘断层东起金沙江南岸大凹嘎江边长江水利委员会(以下简称长江委)水文站附近,向西穿过金沙江至白滩坝址,沿江经阴地沟、河门口穿过鲹鱼河,经热水塘至尖山包村东分为南、北两支,止于尖山包村西老坝沟内,全长 7km(图 12-3)。水文站向东江边二叠系梁山组石英砂砾岩地层无构造迹象,其溶洞中发育的方解石脉和团块完整。尖山包村老坝沟以西,山坡上出露的侏罗系厚层砂岩出露完整、连续,断层在侏罗系地层中无出露迹象。

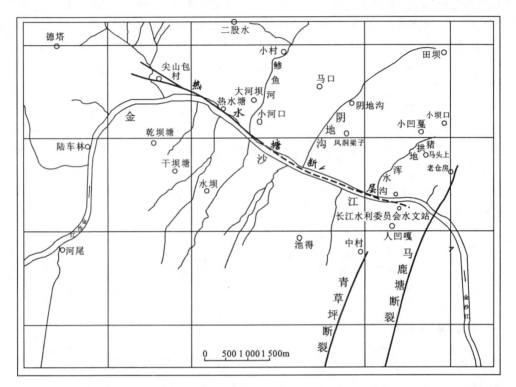

图 12-3　热水塘断层展布图

根据断层展布特征和规模不同,以河门口为界,分西段、东段叙述如下。

1. 西段

尖山包村西至河门口,长约 3.5km。卫片中线性影像清晰,地表出露和勘探揭示清楚,断层规模相对较大。断层总体走向为 310°左右,倾向南西,倾角 60°~80°。主断带构造岩以角砾岩为主,有少量碎粒岩、碎粉岩或断层泥,宽度一般 2.0~4.0m,在热水塘处最宽约 6m。

河门口附近断层主断带见于洞口高程 847m 的 6 号平硐内,硐深 49~52m 处,切震旦系灯影组白云岩,宽 3.6m。断层走向为 294°~305°,倾向南西,倾角 65°,断面呈舒缓波状,上盘(南西盘)地层有挤压褶皱和错断现象。断层下盘(北东盘),走向为 290°~310°,倾向南西的陡倾角劈理发育,劈理密集带宽 10m 左右,岩体破碎。

鲹鱼河口右岸高程 840m 左右 2 号勘探硐内,主断带位于硐深 49.4~53.0m,断层走向 326°,倾向南西,倾角 75°~83°,硐内揭示宽度 3.6m;断层上盘为震旦系白云质灰岩,下盘为二叠系石英砾岩。

热水塘一带,断层在地表出露清楚,走向为 310°,倾向南西,倾角 70°~80°。断层宽一般

2.0~4.0m,断层穿切震旦系—二叠系地层,沿断层形成长约150m,高30~50m的断层崖。崖壁上震旦系白云质灰岩有挤压形成的褶皱,在断层崖脚下有温泉出露和泉华分布(照片12-2、照片12-3),且近代崩积物较多。

照片12-2 热水塘地表温泉流量0.5L/min

照片12-3 热水塘温泉出露处的泉华

尖山包村附近,断层分为南、北两支,其规模逐渐变小。

北支在尖山包村西侧老坝沟北东边坡上出露,断层走向300°~310°,倾向南西,倾角80°。断层穿过震旦系—二叠系,其断面延伸到三叠系地层中,沿断层形成长约80m,高35m左右的断层壁。见两个断面,主断带宽0.3~0.7m,影响带9~11m。在尖山包村西北约800m,北西向小支沟西侧,为热水塘断层的西北延伸分支。此处见白果湾组和中侏罗统地层平整地覆盖在断裂之上没有被断错,未见有断裂构造岩带发育,而下伏的下二叠统灰岩中仅有规模不大的破碎带和劈理带。

南支尖山包村东南热水塘断层通过部位分布有一长约200m、宽30~80m的平台,顶面高程约950m,北西、南西两面临空,为30~40m高的斜坡。其物质组成为更新统湖相灰白色粉质黏土、洪积块砾夹碎石土。洪积块砾厚度大于20m,结构紧密。其上粉质黏土厚度5~20m,覆盖在洪积块砾石层上,结构紧密,呈半成岩状态,卸荷裂隙发育。从尖山包村东南侧耳扒泥沟可见,热水塘断层形成的破劈理带,切穿洪积块砾夹碎石土层,劈理带走向305°,倾向南西,倾角65°~75°,裂面平直,黏土、块石挤压成片理状,呈上窄下宽的梯形状,底部宽3.0m,其中充填有脉状石膏晶体。断层上覆灰白色粉质黏土层未见构造变形迹象。另外,在老坝沟沟口附近,震旦系基岩中断层出露,走向315°,倾向南西,倾角83°,在震旦系地层中形成高约30m的陡壁,并有挤压褶皱现象。

2. 东段

断层经河门口、阴地沟至白滩一带,向东穿入金沙江中,至右岸长江委水文站处尖灭,长约3.5km。断层规模相对较小,主断带宽度一般1.0~2.5m。构造岩以角砾岩为主,少量见碎粒岩,局部出露为劈理带或节理密集带。断层走向为290°~310°,倾向南西,倾角65°~80°。在白滩以下金沙江左岸岸边有与热水塘断层同方向的断层和劈理带呈线状分布,穿切元古宇震旦系、古生界二叠系和三叠系地层,与热水塘断层斜列、平行展布。

在河门口左岸的 PD06 平硐（硐口高程 840.36m）的 50m 处，发育有北西向断层（$F_1$），断层走向 NW290°～310°，倾向南西，倾角 80°～170°，破碎带宽 1.5～2.5m，组成物质为碎裂岩、角砾岩，胶结好（照片 12-4）。

照片 12-4　6 号平硐中断层构造岩特征

阴地沟沟口下游断层走向 290°～300°，倾向南西，倾角 65°～80°，宽为 1.0～2.5m。断层穿过震旦系、二叠系地层；沿断层形成宽约 1.5～3.0m 的沟槽，沟槽深 0.5～1.2m。

白滩 3 号勘探平硐附近覆盖层下伏二叠系梁山组石英砾岩中，断层走向为 290°～300°，倾向南西，倾角 70°～80°，构造岩宽 1.5～2.5m。二叠系石英砂砾岩有错断现象，在此处显示地层错距 6m 左右，南西盘上升。

浑水沟北侧约 60m 中三叠统砂岩、泥岩中有一条平行热水塘断层展布的次级断层，走向 290°～310°，倾向南西，倾角 75°～80°，宽为 1.8～3.0m，断面呈波状延伸，沿断层形成沟槽，沟槽深 1.8～4.2m；断层的北东侧 5m 有一同方向的挤压破碎带，宽 0.3～0.4m，其性状与上述断层相同。

断层在金沙江右岸长江委水文站一带穿过二叠系地层，断层面呈舒缓波状，走向 290°～300°，倾向 200°～210°，倾角 65°～70°，宽 1.2m。水文站至大凹嘎下游江边出露的基岩面上仅有北西西向的裂隙，断层逐渐尖灭，其溶洞内的方解石团块无错动迹象。

## 二、断层带特征

自西向东，分尖山包村、热水塘、河门口、白滩坝址、长江委水文站等部位详述如下。

1. 尖山包村

热水塘断层在尖山包村一带分为南、北两支。

北支断层走向 310°，倾向南西，倾角 70°～80°，构造岩以黄褐色角砾岩为主，宽 0.5～1.2m，泥钙质胶结。角砾岩两侧有少量灰白色碎粒岩夹碎粉岩，宽 0.1～0.3m，主断面上见有断层泥，手摸有滑腻感；影响带 9～11m，在此点下游断层破碎带中见斜擦痕。

在尖山包村西北冲沟两侧见到北支断裂的露头：冲沟左岸，断裂发育在震旦系白云质灰岩中，并以劈理或节理密集带为主要特征，带宽 2～3m，胶结较好，其上为中更新世洪积层和湖积层所覆盖。冲沟右岸，断裂以角砾岩带和劈理密集带为主，角砾岩带宽 80～90cm，固结度高；

劈理带宽 40～50cm。

南支在老坝沟沟口附近,断层构造岩以角砾岩为主,两侧劈理发育。断层下盘(北东盘)震旦系白云质灰岩有挤压褶皱现象;断层壁面的南西为第四纪冲洪积物,其碎石成分较均一,多以白云质灰岩为主,其碎石块径较均匀,一般 3～5cm,偶有大者直径超过 20cm,泥钙质胶结,与震旦系灰岩形成高约 15m 的陡壁。尖山包村东南侧耳扒泥沟可见热水塘断层形成的破劈理带,切穿洪积块砾夹碎石土层,劈理带走向 305°,倾向南西,倾角 65°～75°,裂面平直,黏土岩块石挤压成片理状,呈上窄下宽的梯形状,底部宽 3.0m。其上覆白色粉质黏土层未见构造变形迹象。

2. 热水塘

热水塘处断层出露清楚,主断带构造岩以黄褐色角砾岩为主,泥钙质胶结,宽度一般 3～4m,最宽 6m;角砾岩两侧有少量灰色、灰黄色碎粒岩和碎粉岩,宽 0.3～0.5m,受风化、溶蚀影响,角砾岩断口呈蜂窝状,其孔隙为椭圆形,孔径一般 3mm×5mm,最大者有 10mm×25mm,其排列方向基本与断层的倾向一致。

热水塘下游 500m 处鲹鱼河口右岸 2 号勘探硐内主断带构造岩总宽 3.6m,其中灰白色碎粒岩和碎粉岩 0.6m,胶结较差;灰绿色、灰白色角砾岩 3m。断层上盘为震旦系白云质灰岩,下盘为二叠系石英质角砾岩。

3. 河门口附近

河门口 6 号平硐内揭露的断层带最清楚,硐深 23.5～28.5m,构造岩以角砾岩为主,宽度 5m,风化较强烈,胶结较差;断层上盘(南西盘)地层无褶皱现象,产状为倾向北东,倾角 14°;断层下盘(北东盘)地层有褶皱现象,产状为倾向北东 36°,倾角 35°;其地层为深灰色薄层状灰岩,与断层上盘的地层有明显的差异。在硐深 51.5～52.7m 处,断层构造岩为碎粒岩和碎粉岩,其间石英脉被错断后呈定向排列,胶结较好;挤压面上有滑腻感,局部见宽度 1cm 左右的断层泥;在支硐掌子面的附近发现断层上盘(南西盘)地层有挤压褶皱和错断现象,支硐掌子面处地层倾向南东,倾角 26°左右。硐深 52.7～62m 附近即为断层下盘(北东盘),断层走向 290°～310°,倾向南西,陡倾角劈理发育,劈理密集带宽 10m,其密度为 20～25 条/m。

河门口 8 号勘探硐硐内 41m、47m 处,有平行热水塘断层的两条断层出露,主要走向为北北西,其间有北西西向断层,构造岩胶结差,有软化现象,呈泥状。

4. 白滩附近

热水塘断层在阴地沟沟口沿途有基岩出露处均可见构造岩,以灰色角砾岩为主,宽 1.6～2.0m,钙质胶结,构造岩中偶见方解石条带和透镜体,主断面两侧挤压影响带宽分别为 1.0～1.5m、1.0～2.0m,主断带构造岩为黄褐色角砾岩、碎粒岩,宽 0.2～0.5m,胶结差,结构松散;断面呈舒缓波状延伸,断面和构造岩上近水平向擦痕显示,断层北东盘向右扭动为主,后期有微弱的张性活动。

3 号勘探平硐附近覆盖层下面二叠系梁山组石英砾岩中,断层走向为 290°～300°,倾向南西,倾角 70°～80°,地形上形成沟槽。构造岩以角砾岩为主,宽 1.5～2.5m。其中主断带上有 0.2～0.5m 的碎粒岩和碎粉岩,灰黄色、紫红色角砾岩,胶结较差。调查认为:二叠系石英砂砾岩有错断现象,在此处显示地层错距有 6m 左右,南西盘上升。在白滩坝址 3 号勘探平硐中有热水塘断层同组断层出露并有相同的地层切错现象。

### 5. 长江委水文站

右岸长江委水文站江边，断层构造岩以灰白色角砾岩为主，宽1.2m；主断面呈波状张开，面上残留碎粒岩，厚2～5cm，呈灰白色，钙质胶结。角砾岩断口可见溶蚀孔隙，呈扁豆状，孔隙无规则排列，孔隙宽1～3mm。构造岩上有近水平向擦痕。

## 第四节 断层活动性研究

### 一、宏观特征分析

高分辨率的卫星照片上，热水塘断层的影像特征明显。特别是尖山包村至白滩一带沿断层线性影像特征清楚，它的东、西两端都穿过地形陡崖，这段线性影像是断层构造的反映。由于地层岩性及岸坡结构上的差异，热水塘断层上下盘地貌、水系等的差异难以证明为断层活动特征。除上述特征外，热水塘断层宏观活动主要通过断层上下盘地层切错关系、地层覆盖及断面特征等表现出来。

(1) 尖山包村沿断层震旦系白云质灰岩挤压破碎带中，见有倾向42°，倾角70°的斜擦痕，擦痕面呈微波状，其方向显示断层上盘为逆冲特征。断层南支有切入覆盖层洪积地层迹象，并被更新的湖积地层所覆，显示第四纪后某一时期断层仍有活动。

(2) 热水塘至河门口沿断层陡崖平直，见有崖壁磨光面。论其成因应与断层的存在和以往的活动有关。

(3) 在河门口8号硐附近的陡壁上，震旦系白云质灰岩挤压破碎带中，见有倾向40°～50°，倾角65°～70°的斜擦痕，擦痕面呈波状，其方向显示断层上盘为逆冲和扭性特征。8号硐硐内壁面上有沿结构面充填的方解石脉，灰白色，呈"S"形，走向与断层走向一致，倾向南西，倾角55°～70°，脉宽5～12cm，胶结好，脉体连续，岩质坚硬，无错断现象，表明形成时期较晚，断层活动性质显张性。

(4) 河门口6号硐硐内震旦系白云质灰岩破碎，有岩层被错断的现象，地层产状在很短的距离内变化大，硐口至硐深30m，岩层产状倾向15°～20°，倾角15°～20°，宽30～52m，地层产状变为倾向36°，倾角35°，地层呈波状延伸；在追踪热水塘断层的支硐内有地层被错断的现象，碎粒岩中方解石错断呈斜列展布，显示断层为压扭性质。

河门口6号硐附近上游的地表陡壁上，沿途可见到震旦系白云质灰岩挤压破碎带中，有倾向50°～60°，倾角55°～60°的斜擦痕，擦痕面平直，面上有由擦痕形成的阶步，风化后呈灰褐色，其方向显示断层上盘为逆冲兼有右旋扭动特征。

(5) 金沙江左岸岸坡上和勘探平硐内与热水塘断层同组的小断层和劈理带，其活动方式与热水塘断层相同的性质。白滩3号硐附近至洞口破碎带上见有斜擦痕。

(6) 在金沙江右岸长江委水文站江边，断层面呈舒缓波状，面上有倾向145°，倾角12°的斜擦痕，显示断层有右旋扭动的特征。

### 二、微观特征分析

分别对热水塘温泉出露段断层角砾岩、尖山包村西侧老坝沟左侧耳扒泥沟处断层上覆洪积块石劈理带中泥砾、阴地沟附近3号勘探平硐蚀变碎裂岩(断层泥)等取样进行了显微结构研究,另对浑水沟东、西两侧同组断层中含断层泥碎裂岩亦取样作了显微构造分析。

显微镜下,该断层构造岩基本特征为地壳浅部的脆性破裂产物,如碎裂岩、断层角砾岩、断层泥,断层泥较少,多混于碎砾之中,未见糜棱岩;结构为碎裂结构和碎基结构;构造多为块状构造,少有页理构造或流动构造。不同地段其特点有些差别。

热水塘温泉出露段所取断层角砾岩,镜下观察具有断层角砾结构,并具变余碎裂结构特征,角砾主要为生物碎屑灰岩,有少量变质砂岩角砾。方解石脉(团块)很发育,方解石脉至少有3期,最早的一期方解石脉粒度中等,晶粒波状消光强烈,表面不洁净,略有双晶发育;第二期方解石脉晶粒很细,未显示变形迹象;第三期方解石脉粒度与第一期脉相似,但晶粒新鲜,表面洁净,未显示变形迹象。

尖山包村西侧红岩子沟(老坝沟)左侧耳扒泥沟处,取断层上覆洪积层中泥砾样品,显微镜下观察,为黏土岩质的碎裂岩,具黏土结构、碎裂结构。破裂岩石为黏土岩,有稳定的定向条带,是由成分相同而颜色略深的细条带显示出来的,应当是沉积时形成的,后来岩石发生了一次破裂,沿裂隙充填了石膏脉。石膏脉很发育,表明第一次碎裂较强。之后,岩石又发生过较轻的碎裂,在整个薄片中大部分石膏脉保持完整,只在局部出现石膏脉被错动的现象,石膏内发育有构造双晶。总体看,岩石不具有断层泥结构,而主要是碎裂泥岩。表明该地带洪积黏土岩块中发育的劈理带以构造作用破裂为主。

阴地沟附近3号勘探平硐硐深7m($F_1$)处两个岩样分析综合特点如下:构造岩为蚀变碎裂岩(断层泥),碎裂结构(或角砾岩结构)、碎基结构,碎砾以泥质岩为主,有泥岩、粉砂岩、变质砂岩(砾岩);基质为黏土矿物、碳酸盐微晶、褐铁矿浸染,泥化明显,部分钙化。构造为块状构造,并具粗页理构造和似流状构造。其中泥质岩角砾显示定向构造,但这种定向构造不限角砾内,说明在角砾之前已产生。

浑水沟东、西两侧均取样作了显微构造分析,西侧构造岩为泥岩形成的含断层泥碎裂岩,碎基结构、碎裂结构,基质以黏土为主,碎砾由泥岩质、石英岩质组成,块状构造,见个别似流动构造。变质蚀泥化、铁染。东侧样为角砾岩,可明显看到有3期方解石脉:第一期方解石脉晶粒巨大,变形强烈,晶粒发育密集的机械双晶,双晶纹有弯曲;第二期方解石脉为细粒,未显示变形迹象,与第一期无穿插关系,但可以看到第二期细粒脉中有捕虏第一期脉的粗粒碎块;第三期方解石脉晶粒巨大,未显示变形迹象,未发现第三期脉与前两期脉的穿插关系,不过在它与第二期脉的接触部位,可以看到第三期脉的巨大晶粒中有被捕虏的第二期脉的细小方解石晶粒。

综上所述,断层构造岩显微构造特征分析显示,热水塘断层及同组断层晚期至少经历了3次热事件,发育有3期方解石脉,其中早期方解石脉体有较强烈的挤压变形,使得方解石晶粒发育密集的机械双晶,并发生双晶纹的弯曲现象。而后期方解石脉未见构造变形迹象,表明断层活动由强逐渐减弱。断层构造岩多为角砾岩、碎裂岩或碎粉岩,有少许断层泥,但纯断层泥、新鲜断层泥少见,说明断层活动较弱。

基岩内取断层构造岩,其矿物成分多为后期形成的,石英和方解石占85%以上。覆盖层内挤压带中其矿物则以水云母为主,一般占40%~85%,石英只占10%~20%。矿物的受力特征与宏观一致。

断层泥样品中石英显微刻蚀形貌特征(SEM)反映出,断层以快速运动成的撞击楔入现象为主,也有断裂缓慢运动形成的碎砾表面裂而不破的现象;石英碎砾表面以浅橘皮状刻蚀结构为主,此外还有橘皮状、鱼鳞状刻蚀结构等,由此来判断热水塘断裂经历的运动方式是以黏滑为主兼有稳滑运动,由快速运动形成的显微构造占70%以上,最高可达85%左右。

### 三、活动年代研究

从断层的宏观、微观及运动学特征分析可知,其性质具有压性—压扭性—张性等多期活动的特点,其各期次构造活动在整个断裂带均有表现。从断层产状和错断地层特性及擦痕等判断,早期热水塘断层为逆冲性质,主断面上多留有水平向擦痕和小阶步;晚期构造岩中多发育方解石脉,且多出现具有充填物的张性裂隙,判断该断裂具有张性活动。

本研究中,长江三峡勘测研究院及云南省地震工程院等单位针对热水塘断层及其同组断层的构造岩、断层上下盘及上覆地层共取样55个,分别进行了热释光(TL)、电子自旋共振(ESR)及扫描电镜(SEM)、$^{14}C$等测试。结果中热释光(TL)、电子自旋共振(ESR)及扫描电镜(SEM)的测试结果分别为26个、3个、9个。

热水塘断层构造岩TL及ESR测年年代大多为12万年以上,为14.5万~38.9万年,有的大于200万年,表明在不同的时段断层有过不同程度的活动。各测点取样SEM测试,断层主要活动期为$N_{2晚期}$—$Q^2$,个别样为$N_{2晚期}$—$Q^3$。亦说明热水塘断层最新活动为中更新世。

综合判定热水塘断层最新活动为中更新世,晚更新世以来没有活动。

### 四、活动性评价

热水塘断层主要展布于乌东德水电站比选坝址河段上河段,规模不大,延伸长度仅7km左右。断裂带在尖山包村、鲹鱼河一带较大,向两端规模较小。

热水塘断层及同组断层晚期有过3次以上热事件,但后期方解石脉未见构造变形迹象,表明断层活动由强逐渐减弱。断层构造岩多为角砾岩、碎裂岩或碎粉岩,有少许断层泥,但纯断层泥、新鲜断层泥少见,说明断层活动较弱。断层物质测年表明,该断层最晚活动期为中更新世。

研究表明,断层沿线可见的温泉及热异常,不是断层活动的结果。温泉主要与单斜地层中地下水深部热循环有关,热水塘断层是地下水溢出的通道。

### 五、温泉活动与地热分布特征

#### (一)区域温泉活动及地热背景

温泉水温是水热活动的重要标志之一,一定数量的温泉,可以概略地反映一个地区的地热背景。研究区所在的川西与云南中部地区温泉数量多(图12-4)(中国科学院数学研究统计组,1979),分布广,温度较低;91处温泉中,中低温占总数的91%,而高温、超高温只占总数的9%。区内温泉总体呈南北向展布,少数地段为北西向分布和零星分布。温泉多沿区内的主干断裂带分布,少数分布在北西向断裂带上。温泉出露部位往往在断裂迹线的变异部位,如弯曲转折、交汇处以及主干断裂的次一级分支断裂上。

大地热流是反映一个地区热状态最为直接的地球物理量。有关文献资料显示(吴世泽,2005),位于本区邻近的安宁河断裂、汤郎-易门断裂带与磨盘山-绿汁江断裂之间的9个测点,大地热流值普遍较高,其平均值为 67MW/m²;而在西侧的渡口、冷水箐、同德 3 个测点的热流值分别为 26.8MW/m²、45.6MW/m² 和 40.2MW/m²。

### (二)热水塘断层温泉活动特征

#### 1. 温泉分布及水温、水量

在尖山包村至鲹鱼河之间,温泉呈带状分布(图 12-5),带状长约 150m,宽 8~12m。温泉出露点间距一般 20~60m,最小间距 3m,最大间距 80m。中间流量最大,向北西、南东两端逐渐变小,一般流量为 0.5L/s,最大流量者在金沙江中被水淹没,无法观测。温泉水温与出露位置关系密切,距断层壁近者水温高,距断层壁远者水温低,泉水温度一般 44~48℃,个别达 51℃,与前述攀西地区温泉的温度一致,即以中低温为主。

2004 年 3 月 22 日观测结果如表 12-1 所示。据调查,出露较高的泉水有随江水降低而流量减少的现象。另外,据当地居民介绍,浑水沟出口下游原来有几处温泉出露,后被洪积物覆盖。

#### 2. 温泉水化学特征

热水无色、无味、清澈透明,泉眼附近有黄色的硫磺和白色的芒硝沉积物。根据温泉水的化学分析结果(表 12-2 至表 12-4),热水塘温泉和钻孔水化学具有如下特征:

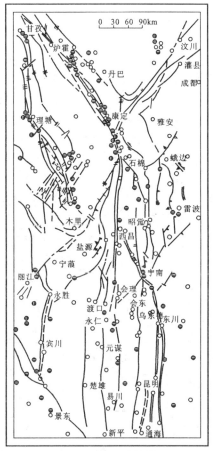

图 12-4 研究区及邻区温泉分布图

挽近期前生成的断裂;2.挽近期时生成的断裂;3.现今活动性断裂;现今强活动性断裂;5.20~40℃;6.40~60℃;7.60~80℃;8.≥80℃

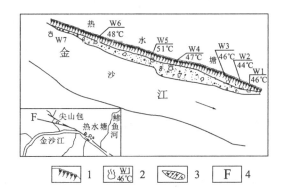

图 12-5 热水塘温泉分布示意图

1. 基岩陡壁;2. 温泉(分子:编号,分母:水温);3. 小图中温泉出露位置;4. 热水塘断层

表 12-1 热水塘断层出露温泉观测一览表

| 泉水点 | 位置 X | 位置 Y | 气温(℃) | 江水温度(℃) | 泉水温度(℃) | 温泉出露环境简述 | 备注 |
|---|---|---|---|---|---|---|---|
| W1 | 0257690 | 2919622 | 24.5 | 16.5 | 46.0 | 崩积块石下 | |
| W2 | | | 24.5 | 16.5 | 44.0 | 基岩中 | |
| W3 | | | 24.5 | 16.5 | 46.0 | 基岩中 | |
| W4 | | | 24.5 | 16.5 | 47.0 | 江水、粉细砂中 | |
| W5 | | | 24.6 | 16.5 | 51.0 | 基岩中 | |
| W6 | | | 24.6 | 16.5 | 48.2 | 基岩中 | |
| W7 | 0257525 | 2919743 | 24.6 | 16.5 | — | 江水中 | 未测 |

表 12-2 热水塘温泉水化学分析结果

| 颜色 | 无 | 色度 | <5 | 透明度 | 透明 | 浑度 | 30 |
|---|---|---|---|---|---|---|---|
| 项目 | | | 含量 mg/L | n±1/Zbmmol/L | n±1/Zbmmol/L | 项目 | 含量 |
| 阳离子 | $K^+$ | | 18.50 | 0.473 | 2.31 | pH | 6.5 |
| | $Na^+$ | | 80.00 | 3.478 | 17.00 | 游离 $CO_2$ | 102.05mg/L |
| | $Ca^{2+}$ | | 212.80 | 10.619 | 51.91 | 侵蚀 $CO_2$ | |
| | $Mg^{2+}$ | | 71.59 | 5.887 | 28.78 | 总硬度(以碳酸钙计) | 826.04mg/L |
| | $NH_4^+$ | | <0.04 | | | 总碱度 | 833.55mg/L |
| | $Fe^{2+}$ | | <0.04 | | | 永久硬度 | 0.00mg/L |
| | $Fe^{3+}$ | | <0.04 | | | 暂时硬度 | 826.04mg/L |
| | | | | | | 负硬度 | 7.51mg/L |
| | 小计 | | 382.89 | 20.457 | 100.00 | 固形物 | 1 096.86mg/L |
| 阴离子 | $HCO_3^-$ | | 1 016.35 | 16.656 | 77.20 | 可溶性 $SiO_2$ | 24.00mg/L |
| | $CO_3^{2-}$ | | 0.00 | | | $NO_2^-$ | <0.004mg/L |
| | $Cl^-$ | | 151.31 | 4.268 | 19.78 | $PO_4^{3-}$ | <0.02mg/L |
| | $SO_4^{2-}$ | | 30.00 | 0.625 | 2.90 | $COD_{Mn}$ | 2.83mg/L |
| | $F^-$ | | 0.48 | 0.025 | 0.12 | 矿化度 | 1 605.03mg/L |
| | $NO_3^-$ | | <0.25 | | | | |
| | 小计 | | 1 198.14 | 21.574 | 100.00 | | |
| | 总计 | | 1 581.03 | 42.031 | | 备注 | |

表 12-3 热水塘温泉水质分析结果表(化学常量组分)

| 编号 | 位置 | 水点性质 | 高程(m) | 阳离子(mg/L) $K^+$ | $Na^+$ | $Ca^{2+}$ | $Mg^{2+}$ | 阴离子(mg/L) $Cl^-$ | $SO_4^{2-}$ | $HCO_3^-$ | 水化学类型 |
|---|---|---|---|---|---|---|---|---|---|---|---|
| S21 | 温泉16号点 | 温泉水 | 830 | 19.7 | 83.8 | 178 | 70.6 | 137 | 39.9 | 583 | $HCO_3 \cdot Cl-Ca \cdot Mg$ |
| S22 | ZK47 | 钻井水 | 830 | 18.8 | 104 | 220 | 67.2 | 122 | 67.5 | 552 | $HCO_3-Ca \cdot Mg$ |

表 12-4　热水塘温泉水质分析结果表（微量组分）

| 编号 | 位置 | 水点性质 | 微量成分(mg/L) | | | pH | $H_2SiO_3$ (mg/L) | F (mg/L) | TDS (mg/L) |
|---|---|---|---|---|---|---|---|---|---|
| | | | Sr | Li | B | | | | |
| S21 | 温泉16号点 | 温泉水 | 1.77 | 0.16 | 0.28 | 6.61 | 40 | 0.98 | 1 112 |
| S22 | ZK47 | 钻井水 | 1.90 | 0.16 | 0.28 | 6.68 | 55.5 | 0.95 | 1 152 |

（1）热水塘温泉和钻孔水化学类型分别为 $HCO_3·Cl-Ca·Mg$ 和 $HCO_3-Ca·Mg$，主要阳离子为 $Ca^{2+}$、$Mg^{2+}$，主要阴离子为 $HCO_3^-$；矿化度 1 112～1 152mg/L，明显高出江水和区内地下水（金沙江热水塘上游矿化度为 180mg/L）。

（2）温泉水 $K^+$ 含量 18.518 8～19.7 mg/L，$Na^+$ 含量 83.8～104mg/L。

（3）温泉微量组分 Sr、$SiO_2$ 含量较高。

（4）温泉和钻孔热水的化学组分相近，表明二者属于同一地热系统。

结合区内地层分析，认为高钙镁离子和重碳酸根离子的存在，主要是温泉水与围岩发生作用，逐步溶解了灰岩地层的有关成分所致。换言之，温泉水的成分来源与沿带广泛分布的震旦系白云质灰岩直接接触有关。

**(三)沿热水塘断层地热异常特征**

2004 年 9 月，对金沙江乌东德水电站上河段顺河向展布的热水塘断层进行了联合调查。调查中发现：沿金沙江左岸河门口上下游勘探平硐内温度较高。

对上下游坝址区勘探平硐内采用了红外测温计直接量测岩壁表面温度。首次观测时间为 2004 年 11 月 22 日至 12 月 6 日，第二次观测时间为 2004 年 12 月 9 日至 12 月 12 日，第三次观测时间为 2004 年 12 月 17 日至 12 月 21 日。

（1）A 号钻孔测试，孔深 256.8m，高程 1 153.72m。其温度随深度的增加而逐渐增大，其最高温度为 35.4℃，最低温度为 28.0℃，孔深 4～94m 段温度随深度变化较大，其值为 28.6～33.2℃，地温梯度为 5.11%；94m 以下段井温较高，温度为 33.2～35.6℃，地温梯度为 2.2%。全孔平均地温梯度为 3.90%，明显高于 3.0%的正常地热增温率，孔深 64m 处 31.6℃，100m 处 33.6℃，远高于相同地下深度的正常温度，为温度偏高区（图 12-6）。

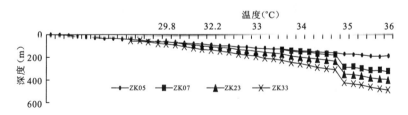

图 12-6　河门口左岸钻孔地温随深度的变化曲线

（2）B 号钻孔测试，孔深 150.1m，高程 999.13m。其地温随孔深呈上升趋势，最深测到 132m，最高温度 36.0℃，最低温度 28.0℃。孔深 4～22m 段井温变化范围为 28～30℃，117～132m 段井温明显偏高，温度变化范围为 35.6～36℃；全孔地温梯度为 6.25%，明显高于 3.0%的正常地热增温率，孔深 117m 处 35.6℃，远高于相同地下深度的正常温度，为温度偏高区。

(3)C号钻孔测试,孔深150.3m,高程997.14m。最深测到74m,最高温度28.4℃,最低温度26.8℃。该孔地温曲线图在孔深20m左右曲线凹进,孔内温度下降,以后又平缓上升。测试段井温变化较小,温度变化范围为26.8~28.4℃。现场试验过程发现该孔岩体中节理、裂隙发育,与地表连通好,地表水渠有水时,孔内可听见明显流水声,测试也表明在孔深18m左右有地表水渗入,所以受地表水作用该孔温度明显偏低,但全孔地温梯度仍为2.16%。

(4)D号钻孔测试,孔深100.2m,高程857.14m。最深测到90m,最高温度36.0℃,最低温度28.0℃。其地温随孔深的增大而增大,在3~36m段温度随深度变化较大,其值为28.0~33.2℃,地温梯度为15.76%;36m以下段井温较高,温度为33.2~36.0℃,地温梯度为5.19%。全孔地温梯度为9.20%。远高于3.0%的正常地热增温率,孔深60m处34.0℃,90m处36.0℃,远高于相同地下深度的正常温度,为温度偏高区。

右岸在ZK04、ZK16钻孔中采用物探井温仪进行地温测试。其结果见图12-7。

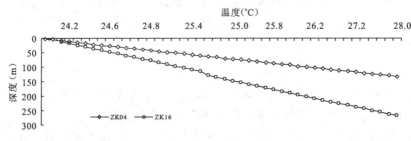

图12-7 河门口地温随深度的变化曲线

从图12-7中可以看出:

(1)ZK04号钻孔孔深170.0m,高程1 028.69m。最深测到132m,最高温度27.6℃,最低温度24.8℃。尽管实测的地温随深度的增加有所增大,但温度上升平缓,变幅不大。在测试段,温度变化较小,为24.8~27.6℃,全孔地温梯度为2.33℃/100m,明显低于3.0℃/100m的正常地热增温率,为正常地温区。

(2)ZK16号钻孔孔深150.66m,高程1 031.08m。最深测到135m,最高温度28.0℃,最低温度24.0℃。同样,地温随深度的增加有所增大,但温度上升平缓,且下部上升较陡,总体变幅不大,全孔地温梯度为3.03℃/100m。近似3.0℃/100m的正常地热增温率,孔深99m处25.6℃,低于相同地下厚度的正常温度,为地热正常区。孔深3~99m时,温度为24~25.6℃,地温梯度为1.67℃/100m;孔深99~135m,温度为25.6~28.0℃,地温梯度为6.67℃/100m,温度变化较大。从该孔地温曲线图可以看出,温度上部上升平缓,近似3.0℃/100m的正常地热增温率,孔深99m处25.6℃,低于相同地下深度的正常温度,为地热正常区。

综合上述,由左、右岸的钻孔地温测试结果可知,在相同埋深温度条件下,左岸的地温一般高于右岸,钻孔孔深接近100m处时,温度已高达30~34℃,明显较正常地温偏高;而右岸ZK04、ZK16两个钻孔在孔深130m处时温度28℃,如果按深度每100m地温增高3℃的正常地热增温率计算,这一温度基本为正常地温。

上述测试结果也与左、右岸的平硐地温观测结果基本吻合。结果表明,金沙江乌东德水电站各坝址区硐温分布具有如下特征:

(1) 各坝址区勘探平硐内平均温度与硐外气温相比有明显的异常偏高（平均差值 7.9℃）（图 12-8）。如河门口勘探平硐内温度最高，一般硐内温度为 33～35℃，最高硐温为 36℃，11 月份时硐内最高温度比硐外气温高 17℃，平均温差 15.1℃。

(2) 各坝址区勘探平硐内左岸硐内平均温度明显高于右岸，硐内平均温度与硐外气温差值亦有相同特征（图 12-9、图 12-10）。左、右岸平均硐温差值 4.1℃，河门口处最大可达 8.7℃。

(3) 硐温与硐深呈正相关，其中硐深 0～10m 的硐温增加梯度最大，达 0.35℃～0.48℃/m，硐深 50m 至硐底的硐温变化平均梯度最小。

(4) 左岸河门口、白滩坝址区平硐内硐温与高程呈正相关，即地形高程高，硐内温度相对高；地形高程低，硐内温度相对低。左岸其他平硐及右岸则相反。

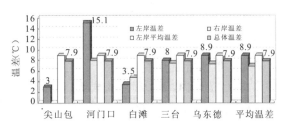

图 12-8 硐壁平均温度与气温值对比图

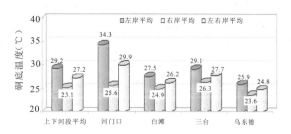

图 12-9 左、右岸硐壁平均温度对比图

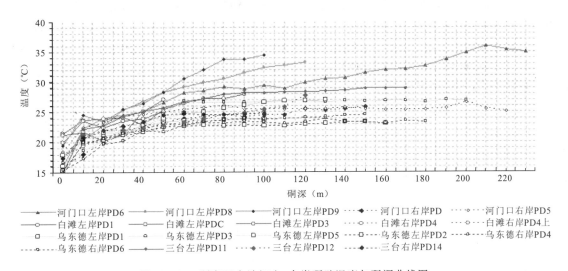

图 12-10 研究区金沙江左、右岸硐壁温度与硐深曲线图

综上所述，热水塘温泉区上下游河段存在明显地热异常，其中左岸河门口至白滩一带较为突出。地热异常应与温泉活动及热水塘断层有一定关系，但是，有地热异常和温泉出露并不能说明是热水塘断层活动的佐证，温泉温度的变化、泉水出露点的下降，有可能与江边岸坡岩体的卸荷、江水与温泉的循环等因素有关。

### (四)温泉和地热异常成因分析

#### 1. 温泉与地热的热源

温泉热源一般与岩浆活动热、岩浆余热、化学反应热与放射性热、活动断层产生的构造活动热及天然地热增温等相关。

(1)本区范围内,无中新生代岩浆岩体出露,也未见岩浆活动迹象;另外,远离近东西向断层的尖山包村西南和下白滩沟出露的泉水水温都无异常。因此,岩浆活动热、岩浆余热可以排除。

(2)温泉水质分析成果中硫化物含量很低,放射性元素含量也很低。

(3)热水塘断层历史上无破坏性地震记载,现今仪器记录小震活动稀少,且断层规模很小,晚更新世以后活动不明显,不具备产生热能的条件。

以上分析表明,热水塘断层带温泉为天然地热增温所致。

#### 2. 水源

热矿水从补给区运移到排泄口,经历了相当长的曲折路径和循环时间,水交替十分缓慢。又因地下水循环有一定深度,压力和水温均较高,即它所处的地球化学环境与浅部冷岩溶水系统有很大的差异,因而使其水化学类型、矿化度,水中各种微量元素、组分等也与冷岩溶水存在差异。

根据温泉水的化学分析结果,温泉水的成分来源与沿带广泛分布的震旦系白云质灰岩直接相关。但温泉水中 $Cl^-$、$SO_4^{2-}$ 含量较高,说明可能有深部成分。

总的来看,温泉水来自水、气、岩相互作用,符合溶解规律。区内主要含水层——震旦系白云岩岩溶裂隙含水地层顺层面向上形成大面积的单斜地层,至7km以外高程2 000m的汤得一带出露地表。汤得一带地形成盆状,汇水面积较大;地表岩溶较发育,具备较好的汇水及入渗条件。入渗的地下水向北西、南东方向受前震旦系相对隔水层所限,多顺层向金沙江运移,其运径、循环深度符合成为温泉水源的条件。

另外,温泉水流量不稳定,受季节影响明显,说明地下水补给除有持续稳定的水源外,还应有大气降水的加入,温泉出露位置与金沙江下切、江水位下降有一定的关系,泉水位随着江水位下降而下移,洪水位以上的泉水都干枯,说明泉水与金沙江河水循环也有一定的关系。

#### 3. 温泉形成的模式

综合以上背景资料分析,可以得出温泉形成概化模式(图12-11)。从该模式图上可以看出:

(1)温泉水主要来源于汤得一带震旦系白云质灰岩的侧向补给,其补给通道除白云质灰岩中的溶蚀裂隙之外,较早、切割较深的东西向断层亦可能是地下水的补给通道之一。震旦系上部的三叠系、侏罗系—白垩系地层的广泛分布,阻止了大气降水与地表水不能直接从正上方垂直进入其下部震旦系白云质灰岩裂隙岩溶含水系统中,保证了热水不受冷水影响,而下部热储层的热能也不易散失,这是造成地下水循环升温和矿化度较高的主要原因。

(2)热水塘断裂以西金沙江水和以东的大气降水通过构造裂隙向下的浅部循环是温泉水的次要来源,这种补给方式造成了出露较高的泉水随河水位下降而流量减少等现象。

(3)特殊的构造部位与地层组合,使得本区沿断层震旦系地层最大埋深在1 000～1 500m,按照正常地热增温率3.3℃/100m,其循环水水温可达到50℃以上。按本区区域范围有关资料,地热增温率可能高于一般值(实测值3.5℃/100m左右)。因此,热水塘温泉的基础

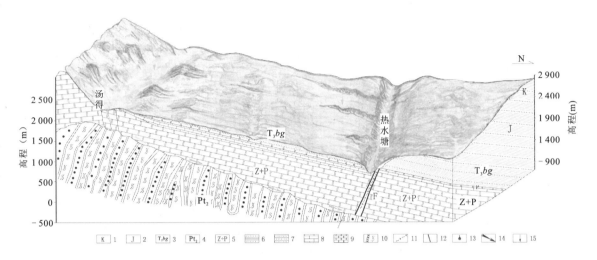

图 12-11 热水塘温泉形成三维模式概化图

1.白垩系;2.侏罗系;3.三叠系;4.前震旦系;5.震旦系与二叠系并层;6.砂岩;7.泥页岩;8.灰岩;9.白云质灰岩;
10.玻状千枚岩;11.断层角砾岩;12.裂隙;13.温泉出露点;14.地下水水流方向;15.大气降水

温度可能应更高一些,其所以出露地表后温度并不高(一般41～48℃),是因为温泉紧邻金沙江江边,在接近地表时混合了部分浅部循环水的缘故。

(4)热水塘断裂倾向南西,倾角陡,具有压性—张扭性—张性等多期活动特点,特别是热水塘一带,断层破碎带和断层泥有一定宽度,造成该断裂上盘具有导水、下盘则具有阻水的特点。蕴藏于震旦系白云质灰岩中的热水在南高北低的静水压力或构造等控制下进行深部热循环,热水沿岩石裂隙(或岩溶通道)、孔隙向北方向运移,当地下热水遇到热水塘断裂时,沿主断带上升,在一定高程又混合了部分浅部循环水,并沿主断带及次级张性裂隙溢出地表,部分则可能以热气体的形式存在于岩石裂隙中,导致区内地热异常。

# 第五节 结 论

(1)热水塘断层东起金沙江南岸大凹嘎江边长江委水文站附近,受限于马鹿塘断裂,向西穿过金沙江至白滩、阴地沟、鳑鱼河,经热水塘至尖山包村东分为南、北两支,止于尖山包村西冲沟内,全长约7km。

(2)断层总体走向280°～315°,倾向南西,倾角65°～80°,断层面呈舒缓波状。地表和勘探硐露头表明,热水塘断层有平行、斜列展布的同组断层;构造岩以杂色角砾岩和绿色碎粉岩为主,主断带一般宽度2～4m,在热水塘处最宽6m。

(3)沿断层分布的温泉属中-低温型,其成因模式为(含水)地层-断层复合控制模式。断层在晚更新世以来没有活动或热事件发生;热水塘断裂只起着隔水和通道的作用,温泉及地热异常与该断层的活动性无关。

# 第十三章 实例2 雅江韧性剪切带成因及活动性分析

## 第一节 研究目的与绘图说明

在《四川省区域地质志》(四川省地质矿产局)、《永仁幅区域地质调查报告书 1∶20 万》(云南省地质局第一区域地质测量大队)、《攀枝花市幅、金江幅区域地质调查报告 1∶5 万》及其附图(四川省地质矿产勘查开发局、成都理工大学)等成果中提到了攀枝花河段至雅江一带雅江韧性剪切带,其成因及活动性如何,是关系到当地工程建设的重大问题之一。

通过调查发现,金沙江攀枝花银江河段左、右岸基岩岩性混杂,岩石变形、变质特征具有韧性剪切带特征。前人研究成果中此韧性剪切带为雅江桥韧性剪切带。该韧性剪切带大致沿金沙江呈北东向展布。为进一步查明雅江桥韧性剪切带在银江河段的展布特征、岩性分布特征、岩石变形变质特征、运动学特征、构造特征及其活动性质,用三维图揭示雅江桥韧性剪切带的成因。

根据背景资料,综合分析韧性剪切带及碎性断层形成机制,用文字表述有很多内容将重复,因此,采用三维模拟概化图来表示更为直观。作图过程中,地形地貌原采用 Google 搜索地图作为底图,由于大部分韧性剪切带分布在金沙江中,在 Google 搜索地图上画线条层次不清,岩性也不易区别,后将 Google 搜索地图旋转,插入 AutoCAD 绘制勾绘地貌轮廓线,使其地形地貌的起伏特征保持与实地一致。在 AutoCAD 绘图时,用不同的颜色和线型绘制地层岩性、韧性剪切带、碎性断层,如韧性剪切带用的是绿色虚线,碎性断层用的是红色实线;闪长岩、蚀变闪长岩用的都是"丁"字形符号,为了区分闪长岩、蚀变闪长岩,分别用黑色和粉红色标示,打成黑白图时深浅不同,层次清楚,读图很方便。地形地貌、地层岩性等静态的表示方法好选择,要反映运动就较麻烦,先是在图的正下方和右侧底部画了很多的向上的小箭头,表示研究区现今运动以整体抬升为主;金沙江河谷下切则是沿金沙江画了一排向下的虚线箭头,整个图看起来太复杂,同时沿金沙江的箭头把地质内容也遮挡了,显得主次不清,后经修改,抬升运动只保留图的正下方一排向上的箭头,河谷下切只用了一个虚线箭头,辅以图例说明。

# 第二节　区域地质背景

## 一、地形地貌

研究区地处青藏高原东部川滇山地,地势西北高、东南低,山脉多为近南北向展布。研究区属中山地貌,山高谷深,地形陡峻,山顶高程多在1 200～2 900m之间,切割深度达300～1 000m。金沙江总体自西向东流经本区,为研究区最低侵蚀面。河谷以峡谷为主,谷坡陡峭,河道狭窄,河床纵向坡降平均0.69‰,局部达1.84‰。

雅江桥韧性剪切带穿过地段地貌以山地为主,间夹山间盆地,河谷深切。山高200～1 600m,属中山地貌,北西高,南东低。金沙江由西向东流至三堆子附近转为流向南。雅砻江是金沙江左岸支流,由北向南流,在倮果东侧汇入金沙江。安宁河是雅砻江的支流,自北往南西流,在桐子林北汇入雅砻江。

研究区内广泛分布新近系昔格达组($N_2x$)湖相沉积地层,形成河流的高侵蚀阶地或侵蚀平台,或作为高阶地的基座出现。此外,区内还存在夷平面解体形成的多层状梯级夷平面,以及沿金沙江和雅砻江流域普遍发育的多级阶地。攀枝河段内阶地零星分布,少数河段低级阶地保存较好,主要分布在格里坪、大水井及金江等地,较连续发育Ⅰ—Ⅴ级阶地。

雅江桥韧性剪切带分布河段两岸高位阶地多被河流剥蚀,局地分布有阶地残块,呈不连续分布,仅金沙江河床两岸分布有连续Ⅰ—Ⅱ级阶地,拔河高度5～10m。

## 二、地层岩性

区域范围内地层主要有古元古界变质岩系、上震旦统碳酸盐岩、下二叠统阳新组碳酸盐岩与上二叠统峨眉山组玄武岩、上三叠统至白垩系沉积碎屑岩类,并有不同时期的岩浆岩广泛出露。区内侵入岩主要有晋宁期石英闪长岩、辉长岩、斜长花岗岩、闪长岩,以及华力西期正长岩、花岗岩、辉长岩等类型,大多分布于四川西昌至攀枝花一带,研究区北西和西侧及南东零星分布。坝址区基岩主要为晋宁期石英闪长岩、黑云母闪长岩等。

古元古界构成本区基底,其他地层形成盖层。第四系河流冲、洪积物在河床中广泛分布,崩塌堆积物和残坡积物零星分布于山麓地带。

韧性剪切带内岩性混杂,岩性以晋宁期黑云闪长岩、石英闪长岩为主体,夹有绿泥石片岩、花岗闪长岩、花岗岩、斜长角闪岩等。带内岩石具有绿泥石化,局部绢云母化,少数具强蚀变现象,其间还穿插较多的辉绿岩、煌斑岩、石英岩、伟晶岩脉及方解石脉(包体)等。韧性剪切带北西侧为花岗岩,南东侧为晋宁期石英闪长岩,二者与韧性剪切带内岩体呈混熔紧密接触。

## 三、大地构造分区

在大地构造分区上,本区属扬子准地台,位于其西部边缘(图13-1),其西北、西南及东南面分别为松潘-甘孜褶皱系(Ⅱ)、三江褶皱系(Ⅲ)和华南褶皱系(Ⅳ)。根据沉积环境和构造变动发展的差异,扬子准地台可划分数个二级构造单元。韧性剪切带研究区位于其二级构造单元康滇地轴($I_2$,又称康滇台背斜)中部,康滇地轴($I_2$)东、西两侧分别为丽江-盐源台缘褶皱带（I₁）、上扬子台褶带（I₃），在地质历史上该区长期受西部地槽强烈活动的影响。康滇地轴西界为金河-箐河断裂、程海断裂、红河断裂，东界为安宁河断裂、则木河断裂、小江断裂北段及普渡河断裂，是一个形成历史很早的南北向长期隆起活动带。断裂构造发育，以南北向为主，多次开裂，岩浆活动强烈。前震旦纪就出现过南北向张裂及沿张裂带中性、酸性、基性、超基性岩浆侵入。海西运动期，随着西部洋壳俯冲及泛扬子地台的解体，拉张裂陷最为强烈，基性岩侵入，玄武岩喷发遍及整个地轴，呈现裂谷构造特征。印支运动后转化为下沉，形成西昌-滇中等地中、新生代坳陷和断陷盆地。燕山运动断褶强烈，差异活动明显，伴有岩浆活动。晚喜马拉雅运动，进一步褶皱隆起，形成强大的南北向断褶带，内部分化愈加明显，具断块构造特征。新生代以来，断裂差异活动显著，沿断裂第四纪断陷盆地发育，地震活动强烈，是扬子准地台形成以来活动比较强烈的构造单元。

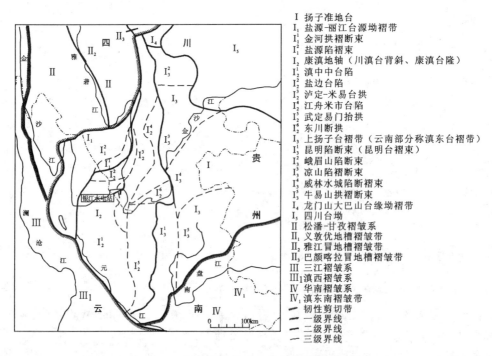

图 13-1　韧性剪切带大地构造部位及分区图

根据沉积环境和构造变形特征，康滇地轴（I₂）可划分为滇中中台陷（I₂¹）、盐边台陷（I₂²）、泸定-米易台拱（I₂³）、江舟米市台陷（I₂⁴）、武定易门台拱（I₂⁵）、东川断拱（I₂⁶）6个三级构造单元。雅江韧性剪切带位于滇中中台陷与泸定-米易台拱复合交接部位。

韧性剪切带研究区所处的攀西地区是锦屏山-玉龙雪山冲断带前缘的前陆盆地，晚三叠世—古近纪巨厚的陆相碎屑岩具有明显的西厚东薄、西粗东细的特点，山前还发育有磨拉石相的砾质粗楔状体。由于后期的大面积抬升和构造作用的改造，致使沉积物厚度及平面分布具有南北成条的形态，同时控制了一系列新近纪—第四纪盆地的发生与发育。该研究区位于"川滇菱形块体"内部，第四纪以来主要表现为大面积的区域隆升，并存在局部的坳陷活动。与此同时，块体内部的近南北向构造还显示出一定的差异运动特征，具有左旋走滑运动性质。

## 四、区域构造特征

研究区地处扬子准地台之康滇地轴中部,三级构造单元处于滇中中台陷与泸定-米易台拱交界部位。

雅江桥韧性剪切带处在"川滇菱形块体"内部(图13-2),菱形块体东侧边界为鲜水河断裂、安宁河断裂、则木河断裂、小江断裂,西侧边界为金沙江断裂与红河断裂。

研究区区域上以川滇南北构造为主体,发育一系列南北向、北北东向、北东向、北西向断裂构造。南北向主要断裂自东向西有小江断裂、普渡河断裂、汤郎-易门断裂、安宁河断裂,磨盘山-绿汁江断裂(地震安全性评价报告中北段称磨盘山断裂,中段称昔格达-元谋断裂)、程海断裂等,其西侧还展布有近南北向—北西向金沙江断裂带;北东向主要断裂有小金河-丽江断裂、金河-箐河断裂、宁南-会理断裂;北西向主要断裂有则木河断裂、红河断裂、华南-楚雄断裂等。

银江水电站近场区断裂较为发育,走向以北北东—南北向占主导地位。规模较大的断裂主要有20条,其中近南北向断裂自东向西主要有矮朗河断裂、接断山断裂、磨盘山-绿汁江断裂、布德断裂、竹林坡断裂及麦地断裂6条断裂,北东—北北东向有黎溪断裂、荒草坪断裂、棉花地断裂、倮果断裂、纳耳河断裂、弄弄坪断裂、纳拉箐断裂7条断裂,北西西—北西向的有簸箕鲊裂、斑鸠湾断裂、西番田断裂、远景断裂4条断裂,近东西向有宁会断裂、箐门口断裂、阿基鲁断裂3条断裂。

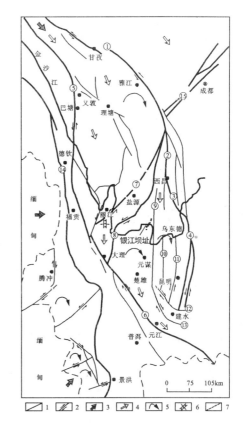

图13-2 川滇菱形块体格架示意图
(引自宋方敏等《小江断裂》,1988)

1.块体边界;2.主要断裂;3.区域应力作用方向;4.块体挤出运动方向;5.块体转动方式;6.张性区域构造
①鲜水河断裂;②安宁河断裂;③则木河断裂;④小江断裂;⑤金沙江断裂;⑥红河断裂;⑦小金河-丽江断裂;⑧程海断裂;⑨磨盘山-绿汁江断裂;⑩汤朗-易门断裂;⑪普渡河断裂;⑫曲江断裂;⑬石屏-建水断裂;⑭澜沧江断裂;⑮龙门山断裂

除发育以上脆性断裂外,区内还发育雅江桥韧性断裂剪切带(1:50 000攀枝花市幅、金江幅区域地质调查报告)。该韧性剪切带走向NE10°～45°(图13-3),总体呈舒缓波状展布,可见宽度一般七八百米,最宽处超过1km,南宽北窄。韧性剪切带夹持在近南北向磨盘山-绿汁江断裂和北东向倮果断裂之间,展布方向与该区构造背景主构造线方向近一致。

# 第三节 韧性剪切带的形成演变

通过对区内的构造运动、变质作用、岩浆活动、沉积作用等的调查,可知该韧性剪切带的形

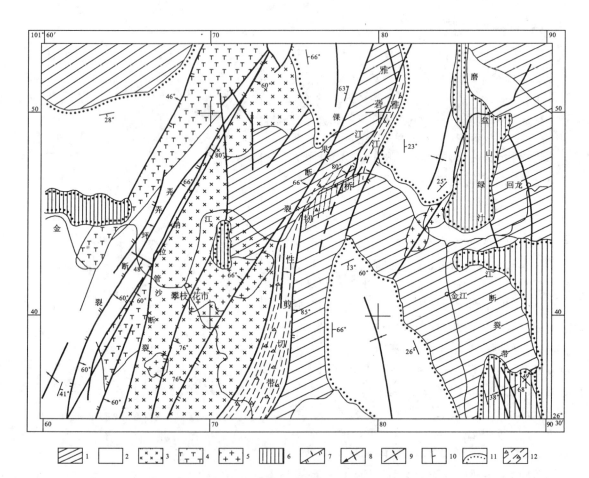

图 13-3 雅江桥韧性剪切带展布图

1.结晶基底;2.盖层;3.华力西期基性—超基性岩;4.华力西期碱性岩套;5.印支期酸性岩;6.古近系至第四系;
7.逆断层;8.背斜及倾伏向;9.向斜及倾伏向;10.地层产状;11.角度不整合界线;12.韧性剪切带

成演变经历了以下几个时期。

## 一、前震旦纪结晶基底形成时期

研究区的太古宙侵入体形成于地球基本上未分异的地史时期,晋宁运动使会理群发生剧烈褶皱,与此同时由于上地幔的高热流,便可能产生局部熔融,进入新的岩浆活动历程。这次新的岩浆活动总体有从基性到酸性、从火山到沉积的规律,构成一个完整的火山-沉积巨旋回,其后升起为该区的基底。该期褶皱以线状为特征,轴向主要呈南北和北北东向,局部地方也显示了北西西向,断裂较发育,与褶皱方向一致。岩石中的包体表明在它们形成之前曾有过更古老的变质角闪岩相的变质岩存在。造成结晶基底形成强烈的变质作用可能发生在 1 900～1 700Ma 之间,在这次强烈的区域动力热流变质作用过程中,伴有岩浆侵入,形成了雅江桥韧性剪切带的原岩。该原岩以石英闪长岩为主体,间有太古宙更长花岗岩,以及地幔侵入形成的玄武岩至英安岩的岩性基底。

## 二、华力西期构造活动时期

华力西末期使本区经历了第二次较大的构造运动,活动性质以振荡运动为主要特征。明显地表现出时海时陆的环境,有5次较长时间的升起成陆,这从缺失较多的古生代地层可以说明。沿攀枝花北东向和昔格达南北向发育有断裂带,并有大量的基性岩喷发和超基性—基性岩浆的侵入,稍后还有碱性—酸性岩的活动。在沉积特点上,主要为海相砂页岩及碳酸盐建造。在强大的南北向挤压力作用下,较深部位和较高温压条件下发生了一次区域性的动热变形变质作用,这次构造活动的结果,使研究区的基底岩石发生了强烈的韧性剪切变形。留下的构造行迹复杂多样,主要有糜棱岩、碎裂岩带、褶皱、透入性区域片麻理。该期活动产生的片麻理强烈而普遍地置换早期片理、片麻理,使 $S_1$ 和 $S_0$ 几乎毫无保留。这些片麻理的展布方向主要是近东西向。经过此次强烈的区域性动热变形变质作用,雅江桥韧性剪切带初步形成,同时该区形成了较稳定的结晶基底。

## 三、燕山运动构造活动时期

燕山运动中期,局部有轻微的褶皱运动,晚期全区发生了一次褶皱运动,其表现是使广大的中生代地层发生宽展型的褶皱,构造线在区内显近南北向;此次运动也同时使古生界发生了不太强烈的褶皱,其构造线方向与中生界基本一致,受基底控制较明显。此次构造活动造成的变质作用不强,无法较高程度地改变韧性剪切带内变质岩的岩貌,只使一些矿物在新的条件下不稳定而发生局部的变化。如辉石边缘的角闪石,角闪石被绿泥石蚕蚀交代等。变形作用虽未见强烈的置换,但可见近东西走向的片麻理被近南北向面理改造。此次构造作用留下的形迹比前两期的规模小、数量少,形成大量小褶皱或产生一组与小褶皱轴面平行的劈理,或垂直片麻理的糜棱岩条带。这些小褶皱一般只有数厘米或十几厘米,呈"W"、"N"或"长柄勺"状。燕山期构造活动使雅江桥韧性剪切带产生进一步的变形变质作用。

## 四、喜马拉雅运动构造活动时期

喜马拉雅运动是本区重要的构造运动,早期运动性质以褶皱造山运动为主,晚期(第四纪)则表现为大面积的整体抬升。早期构造运动在强烈的近东西向挤压力的作用下,产生一系列轴向走向近南北向的褶皱,同时近南北向、北东向的深大断裂复活。喜马拉雅运动晚期表现为区域整体快速抬升,沿一些边界断裂发生了明显的差异运动(包括水平与垂直运动),受西北部高原隆升的影响,区内近东西向的挤压力转为北北西向的挤压作用力,这种北北西向的挤压作用力造成测区的左行走滑,同时近南北向挤压形成了近东西向的逆断层。喜马拉雅运动使该区地壳整体抬升,经长期侵蚀、剥蚀及河流下切作用,雅江桥韧性剪切带出露地表。带内规模较小的脆性断层为喜马拉雅期构造运动产物。

# 第四节 韧性剪切带特征

韧性剪切带又称韧性断层,是岩石在塑性状态下发生连续变形的狭长高应变带;是地壳内中深—深层次的主要构造类型之一(图13-4),带内变形和两盘的位移由岩石塑性流变来完成。剪切带与围岩之间无明显的界线,呈混熔紧密接触,但两侧岩石发生了相对位移;当围岩中的标志层通过剪切带时,常会发生方向的变化及厚度的改变,剪切带中的浅色矿物组分及粒度也发生一定程度的变化,形成一系列的构造和岩石学特征(照片 13-1 至照片 13-16)。

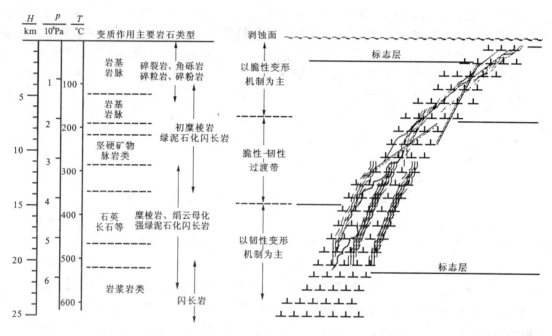

图 13-4　雅江桥韧性剪切带形成随深度变化模拟图

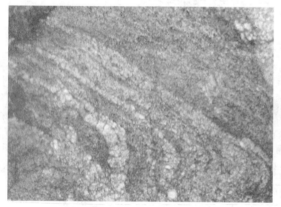

照片 13-1　浅色矿物拉长定向排列

照片 13-2　韧性剪切带内小型揉皱

照片 13-3 岩脉挤压变形呈曲尺状

照片 13-4 岩脉挤压变形呈"A"字形

照片 13-5 韧-脆性变形特征

照片 13-6 岩脉受挤压同步变形

照片 13-7 不同期次的岩脉切错关系

照片 13-8 形成较晚未被错断的岩脉

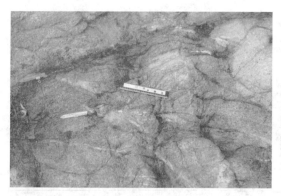
照片 13-9　大河口左岸出露的糜棱岩

照片 13-10　黑云斜长片麻岩

照片 13-11　具有 S-C 面理组构的初糜棱岩

照片 13-12　坝址区出露的初糜棱岩

照片 13-13　眼球状初糜棱岩

照片 13-14　韧性剪切强弱变形带特征

照片 13-15　坝址区出露的绿泥石化闪长岩

照片 13-16　坝址区出露的黑云花岗岩

## 一、韧性剪切带基本特征

雅江桥韧性剪切带走向 NE 10°~45°,倾向北西,倾角 70°~80°,发育在银江水电站近场区近南北向磨盘山-绿汁江断裂的西边,北东向俣果断裂南东侧,与俣果断裂近平行或小锐角相交(见图 13-4)。雅江桥韧性剪切带在银江水电站近场区研究范围内,经搬开洞、马家田沟向北北东方向延伸,至密地桥下游一带后大致沿金沙江向 NE45°方向延伸,至金沙江与雅砻江交汇处,后顺雅砻江河谷经花滩向北北东向延伸,穿过雅砻江桐子林坝址后,延出近场区研究范围。韧性剪切带总体呈凸向南东方向的波状弧形展布,剪切带宽 450~1 200m,总体南宽北窄。

根据地表调查和钻孔揭示,坝址区沿金沙江河槽具有韧性剪切带特征的岩体宽度为 450~600m,其中,糜棱岩宽几厘米至 2m,初糜棱岩宽 1~3m;强绿泥石化闪长岩宽 5~10m;绿泥石化闪长岩宽 10~50m。平面分布呈斜列展布和透镜体状交替出露,即闪长岩(花岗岩)—绿泥石化闪长岩—初糜棱岩—糜棱岩—初糜棱岩—绿泥石化闪长岩—闪长岩(花岗岩)。

上坝址河段韧性剪切带内岩石以晋宁期黑云闪长岩、石英闪长岩为主体,夹有绿泥石片岩、花岗闪长岩、花岗岩、斜长角闪岩及伟晶角闪岩等。岩石具有绢云母化、绿泥石化,少数具强蚀变现象;其间还穿插较多的辉绿岩、煌斑岩、石英岩、伟晶岩脉及方解石脉等。五道河口至雅江桥一带岩石以黑云斜长片麻岩及条带状混合岩(基体为黑云斜长片麻岩)为主,夹有花岗闪长岩、石英闪长岩等,具绿泥石化,少数具强蚀变现象。韧性剪切带两侧无明显的边界断裂所限,呈过渡性质,具有岩体剪切变形向两岸坡逐渐减弱并消失的特点。

从各岩脉的变形特征看,该剪切带经历了多期活动,既有韧性剪切变形,也有脆性变形,如浅色矿物晶形拉长后呈定向排列,这是韧性剪切变形的典型特征之一(见照片 13-1),后来多次发生韧性剪切变形,使矿物晶形拉长后呈定向排列的面理挤压形成小型褶皱(见照片 13-2);如伟晶岩脉呈曲尺状、肠状、"A"字形(见照片 13-3、照片 13-4)等。根据这些变形特征分析,该韧性剪切带自晋宁期至燕山期经历了多期韧性剪切活动。

除了韧性剪切导致岩体变形外,还有脆-韧性剪切变形,不连续面两侧一定范围内的岩层发生一定程度的塑性变形,主要表现为剪切派生的张应力形成的雁列脉,反映岩石脆性破裂特征；张裂隙之间的岩石一般受到一定程度的塑性变形。

受喜马拉雅期构造运动影响，韧性剪切带内发育数条规模较小的脆性断裂，断裂走向北东—北东东—东西向，倾向多为北西、北向，倾角多为陡倾角，展布长一般小于3km，断层破碎带宽度一般小于0.30m，带内主要为初糜棱岩、碎裂岩、角砾岩等。各脆性断层特征不在此赘述。

## 二、韧性剪切带的运动学特征

前已述及，雅江桥韧性剪切带总体走向为NE10°～45°，夹持在近南北向磨盘山-绿汁江断裂和北东向倮果断裂之间，构造控制了该区岩浆活动，而岩浆活动在不同的时期也不一样，晋宁期以酸碱性火山岩为主，华力西期以基性岩喷发和超基性岩浆侵入，稍后还有碱性—酸性岩浆活动，燕山期正长斑岩喷出。几期岩浆喷发除了成分不同外，其运动方式有挤压性质，也有拉张性质，有深层活动也有浅层活动。由岩样鉴定结果可知，雅江桥韧性剪切带是一条既有韧性、又有脆-韧性剪切变形的多期活动剪切带。

韧性剪切带的剪切方向确定标志如下：

(1)错开的岩脉或标志层。剪切带内的标志层往往呈"S"形。根据两盘错开的方向可确定剪切方向。

(2)不对称褶皱。韧性剪切带中不对称褶皱，由长翼到短翼的方向，即褶皱倒向代表剪切方向。

(3)鞘褶皱。鞘褶皱枢纽的弯曲方向，或垂直$Y$轴剖面上的褶皱倒向指示剪切方向。

(4)S-C面理。韧性剪切带内经常发育两种面理：平行于剪切带内应变椭球$XY$面的呈"S"形展布的剪切带内面理S；平行于剪切带边界的间隔排列的糜棱岩面理C，糜棱岩面理实质是小型强剪切应变带，常由微细颗粒或云母等矿物组成。S面理和C面理所交的锐夹角指示剪切方向。随着剪应变的加大，剪切带内面理(S)逐渐接近平行于糜棱岩面理(C)。韧性剪切带一般由菱形、透镜状或眼球状弱变形域与环绕弱变形域的强应变带组成网格状构造。弱应变域的大小可从显微尺度到若干千米。

银江水电站坝址附近金沙江两岸韧性剪切变形渐变弱，江边两岸出露的岩体中剪切带发生弯曲变形较普遍。右行剪切带末端对剪切带的主体作顺时针方向弯曲，左行的则相反。这种效应可使两条同样运动方式的相邻剪切带互相交切或联合，形成菱形或网格状构造。

野外调查发现，韧性剪切带内面理、劈理常呈共轭关系，一组走向30°；一组走向60°，早期主要受南东和北西向挤压，典型的特征是在深层形成一系列走向30°～60°的面理，后来受多次挤压和拉张变形，形成小型褶皱和坚硬岩石富集并变形，两组共轭剪切带分别为左行和右行。与脆性剪裂不同，共轭韧性剪切带之间对着压缩方向的夹角一般大于90°。剪切带彼此相交和联合，其间形成菱形弱应变域；野外观察可知最后一期岩脉延伸连续，围岩也无韧性变形迹象。从韧性剪切带内构造岩展布规模和岩石变形渐变特征看，剪切带内的糜棱岩由于在形成过程中普遍受到固态流变、重结晶以及水分的加入等作用的影响较为明显。

韧性剪切带是在地壳的中深层次中，岩石在剪切作用（一般为简单剪切）下发生强烈塑性变形，形成狭窄线形分布的各种塑性剪切流动构造，并使其两侧的岩石、岩层发生不同量级的位移错动变形，但又无明显的不连续断面，总体是一条线性带状分布的强应变带。由于原岩的韧性剪切变形、动态重结晶和新矿物结晶作用，坝址区韧性剪切带内的岩性与原岩没有明显的界限,一般呈渐变过渡关系。其岩性分布受构造运动影响明显,坝址区自左岸向江中岩体为花岗岩—闪长岩—韧-脆性变性带(初糜棱岩)—糜棱岩。根据钻孔资料和地表调查分析,江中至右岸则主要由糜棱岩—韧-脆性变性带(初糜棱岩)—绿泥石化闪长岩—闪长岩(局部有花岗岩)组成。

糜棱岩具有如下基本特征:①粒径较原岩减小,胶结好,岩质坚硬;②产生在一个相当狭窄的面状地带中,呈透镜体状、眼球状;③面理清晰,出现强化面理(流动构造)和线理。岩石受挤压,糜棱岩由韧性基质和变形残核、残碎斑晶或变斑晶组成。韧性基质是一些细粒矿物的集合体,是动态重结晶作用、新矿物结晶作用产生的以及硬矿物脆性碎裂的细小碎粒。变形残核是经受韧性变形的矿物,呈透镜状或带状,后者长宽比可达几十比一。

残碎斑晶呈透镜状或浑圆状,在特定的物理环境下,韧性变形过程中,某些硬矿物发生韧-脆性变形而残存相对基质较大的碎砾。变斑晶是在韧性剪切变形过程中重结晶的或生长的较大矿物,如石榴子石、钾长石等。残碎斑晶和变形残核内部发育塑性变形,如变形纹、变形带、扭折带等。残碎斑晶内的脆性裂纹由于受韧性基质限制不能蔓延,从而导致岩石的破裂。所以,糜棱岩的形成过程中韧性变形起主导作用。残碎斑晶和变斑晶呈不对称的眼球状嵌入韧性基质中。

糜棱岩是强烈破碎塑变作用所形成的岩石。往往分布在断裂带两侧,受压扭应力的作用,使岩石发生错动,研磨粉碎,又由于强烈的塑性变形,使细小的碎粒处在塑性流变状态下而呈定向排列。糜棱岩的粒度细小,但一般比较均匀,外貌致密、坚硬,需借助显微镜才能分辨颗粒轮廓,宏观上有时在断面上可见透镜状定向排列的碎斑。

根据不对称性指示剪切带的剪切指向,分析判断坝址区韧性剪切带的运动方向主要受北西-南东方向的主压应力挤压,这与区域性应力方向相同。

## 三、岩石变形变质特征

### (一)岩石变形特征

第一幕变形发生于韧性变形变质作用以前,区域构造线呈近南北向和北北东向。其特征是在表壳岩包体岩石中,石英、斜长石和黑云母包体定向形成残缕结构($S_i$),其方向与糜棱页理($S_c$)斜交,显示了$S_i$早于$S_c$的特征。这种变形特征只有在显微组构研究中才能发现。

第二幕变形主要表现为表壳岩包体经受了强烈的韧性变性作用,形成了变晶糜棱片麻岩。从区域上看,该幕韧性变形作用为近东西向。

第三幕变形表现为表壳岩围岩-黑云英云闪长质片麻理中的片麻理构造,变形作用虽未见强烈的置换,但可见近东西走向的片麻理被近南北向面理改造。从区域上看,构造线为近南北向。

### (二)岩石变质特征

剪切带内发育的糜棱岩、初糜棱岩的碎斑矿物主要为斜长石、钾长石、石英,其间填充许多绿泥石和方解石及少量碎斑磨碎的碎粒,碎斑普遍具有裂纹,裂纹中填充的矿物主要是方解石,也有少量绿泥石,部分岩石碎斑内部呈黏土化和绿泥石化,有的完全被绿帘石集合体取代;碎基的矿物主要为绿泥石、绢云母、方解石、黑云母、石英、钾长石、斜长石、石英。绿泥石常构成断续条状、波浪状,呈定向分布。绢云母呈纤维状,具定向性,平行流状构造方向。黑云母部分沿边缘或解理白云母化或绿泥石化。

根据矿物共生组合、变质作用温压条件、变质变形和岩浆作用的关系，可将本区变质作用划分为以下几个阶段：

第一阶段变质作用保存于未受韧性变形的表壳岩中，以及变形表壳岩石的包体中。典型矿物组合为角闪石+斜长石（斜长角闪岩），相当于低角闪岩相。

第二阶段为韧性变形同期的变质作用，典型的岩石类型为黑云斜长糜棱片麻岩和斜长角闪岩。矿物共生组合为黑云母+斜长石+石英（糜棱片麻岩），属高角闪岩相的产物。

第三阶段变质作用为韧性变形后发生的，岩体经受了该阶段变质作用，形成了黑云斜长片麻岩，并且具明显的片麻理构造。典型矿物组合为黑云母+斜长石+钾长石+石英（黑云斜长片麻岩），是在韧性变形后静态环境下形成的，属低角闪岩相。

第四阶段为退变质作用，表现为早期高温矿物部分被晚期低温矿物所取代，黑云母绿泥石化，并形成斜切糜棱页理的绿泥石，属绿片岩相变质作用。

### 四、韧性剪切带中岩石镜下特征

本专题研究中从野外采集了各类岩石样品 37 块，对坝址区韧性剪切带内岩石矿物组分及微观运动特征进行鉴定。37 块样品均磨制了岩石薄片，并进行了显微镜下的岩矿鉴定。其中 15 块定向标本另磨制了电子探针薄片，进行了反射光显微观察，并进行显微组构的观测和分析。

下面将卷入韧性剪切带的主要岩石以及韧性变形的糜棱岩和后期的碎裂岩的镜下特征作简要描述。

*1. 卷入韧性剪切带的原岩*

卷入韧性剪切带的原岩主要是雅江桥混合岩（$Pt_1Y$）以及后期侵入其中的一些小岩体和脉岩，其次是局部混合岩化的微片麻状粗粒黑云石英闪长岩（$Pt_1S$）。

经鉴定为混合岩的样品有 15 号、25 号和 28 号，其中 15 号、28 号均为条带状混合岩，分别位于金沙江左岸和右岸的边上，很具有代表性。25 号为条带状混合岩中的基体部分，岩性为黑云斜长片麻岩。

1）15 号样品镜下特征[照片 13-17(a)、(b)]

岩石为鳞片粒状变晶结构，基体部分为片麻状构造，整体为条带状构造，局部可见眼球状构造，由基体（85%）和脉体（15%）构成。

基体：为黑云斜长片麻岩，由黑云母（8%±）、斜长石（70%±）和石英（20%±）组成，黑云母已蚀变为浅绿色的绿泥石，并沿其节理析出条状铁质不透明矿物，多数条状长 0.5mm 左右，宽 0.1mm 左右，定向分布，有的蚀变为白云母；斜长石为它形，少量呈眼球状，普遍发生黏土化和绢云母化，有的甚至已变成白云母，有的还被绿帘石交代，有的黝帘石化较强，与脉体中钾长石接触的斜长石其边部往往比较干净，有的还出现聚片双晶纹；石英为它形，边缘较圆滑，干净透明无色，无糙面，普遍具有不太强的波状消光，粒度变化大，小的仅 0.06mm，大的粒径宽达到 1.0mm 左右，长度 1.5mm 左右，颗粒延长方向平行于片麻理方向。

脉体：都是由浅色矿物组成，主要是钾长石和石英，它们构成平行于片麻理的条带（手标本上为白色条带），钾长石有的是具有纺锤状格子双晶的微斜长石，也有的呈条纹长石，为它形不规则长粒状，最大的长近 6mm，宽约 1.8mm，多数宽约 0.6mm，有时可见捕获基体中的斜长石

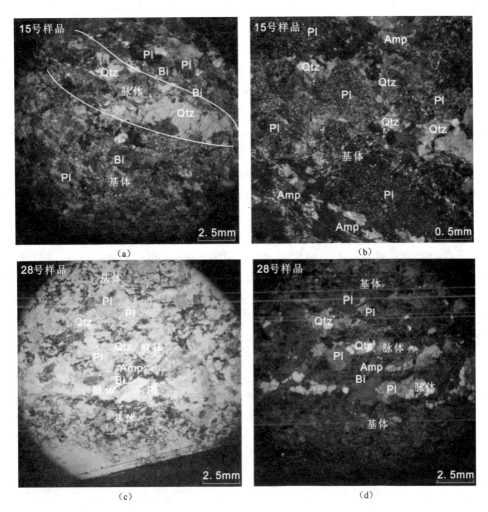

照片 13-17　条带状混合岩显微镜下特征[28号(c)为单偏光镜下,其余为正交镜下]
矿物代号:Pl. 斜长石;Qtz. 石英;Amp. 角闪石;Bi. 黑云母

颗粒;石英为它形,粒状,干净透明无色,一级白最高干涉色,具有不强的波状消光,粒径大多0.05~0.6mm之间。

岩石定名:条带状混合岩。

2)28号样品镜下特征[照片13-17(c)、(d)]

岩石为鳞片粒状变晶结构,基体部分为片状构造,整体为条带状构造,由基体(70%)和脉体(30%)构成。

**基体**:由黑云母(30%)、角闪石(20%)和斜长石(50%)组成,有微量石英,片状构造。黑云母为条状,棕色($Ng'$)—浅黄色($Np'$)多色性,定向排列;绿色普通角闪石为半自形柱状,深绿($Ng'$)—浅黄白($Np'$)多色性,具有一组完全解理,最高干涉色一级橙,斜消光,$Ng \wedge c = 18°$,一般柱长1.1mm左右,宽0.4mm左右,柱长方向平行于黑云母片理方向,也平行于脉体延长方向。斜长石为它形长粒状,黏土化绢云母化强烈,少数具有聚片双晶,大多数颗粒长0.6mm,宽0.4mm左右,颗粒的长轴也多数平行于片理方向。基体的岩性为黑云斜长角闪片岩。

脉体:为花岗质成分,花岗结构,矿物颗粒明显比基体粗,主要由斜长石(50%)、绿色角闪石(10%)、石英(30%)组成,还有少量的黑云母(7%±)。斜长石聚片双晶发育,弱黏土化,一般长1.9mm,宽0.6mm左右。石英它形,干净透明,普遍具有弱波状消光,长颗粒状,长轴方向平行于脉体延伸方向。角闪石具有深绿—浅黄色多色性,自形—半自形柱状。黑云母为条状,棕褐—浅黄褐色多色性。手标本可见脉体整体宽度一般35~70mm不等。

岩石定名:条带状混合岩。

条带状混合岩脉体中的石英均具有弱的波状消光,说明其经受了深部构造状态下轻微的塑性变形。

2. 糜棱岩系列

鉴定为糜棱岩系列的样品有8号、16号、32号、42号和45号,其中16号采自右岸雅江桥附近,其他的采自左岸岸边。

糜棱岩系列为韧性剪切带中的典型构造岩,其岩石分类见表13-1(徐开礼等,1984;四川省地质矿产勘查开发局等,1996)。糜棱岩化作用较弱,基质含量小于10%的仅在原岩名称前加"糜棱岩化"即可,基质含量大于10%后,随着基质含量增多,分别称之为初糜棱岩、糜棱岩和超糜棱岩。糜棱岩化作用很强又具有显著的重结晶作用,则可以形成糜棱岩的变种千糜岩,具有千枚状构造。重结晶作用更加显著者,颗粒又逐渐增大,则根据定向矿物的不同而称为构造片岩和构造片麻岩。

表13-1 糜棱岩类分类表

| 基质性质 | 基质含量(%) | 主要颗粒粒径(mm) | 岩石名称 |
| --- | --- | --- | --- |
| 糜棱岩化作用为主 | <10 |  | 糜棱岩化××岩 |
|  | 10~50 |  | 初糜棱岩 |
|  | 50~90 | <0.05 | 糜棱岩 |
|  | >90 | <0.05 | 超糜棱岩 |
| 静态重结晶作用显著 |  | <0.1 | 千糜岩 |
|  |  | 0.05~0.5 | 变余糜棱岩 |
|  |  | >0.5 | 构造片岩 |
|  |  | >0.5 | 构造片麻岩 |

注:此表引自徐开礼、朱志澄等,1990。

本次在雅江桥韧性剪切带采集的糜棱岩主要有初糜棱岩(32号样品),糜棱岩(8号、42号、45号样品)和糜棱片麻岩(16号样品)。这些糜棱岩类都受到后期地质流体的交代蚀变作用,大部分具有绿帘石化、绿泥石化以及碳酸盐化等蚀变现象。

1)初糜棱岩(32号样品,照片13-18)

主要为糜棱结构,局部可见碎裂结构,流状构造,有长英质脉和绿帘石脉穿过岩石。在长英质脉与主岩接触的地方碎裂组构发育。岩石本身主要为糜棱结构,由碎斑(60%)和基质(40%)组成(照片13-18)。

碎斑:大多数为椭圆状,长轴大体平行于流状构造方向,碎斑粒径多在0.3mm左右,长的碎斑长达 0.6mm。碎斑的成分是斜长石,有的可见聚片双晶,有的黏土化和绢云母化很强,看不到双晶,有的完全被绿帘石集合体所取代。仅有少数碎斑是石英,大多具有波状消光,有的为带状消光。

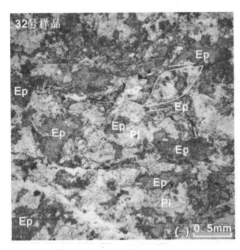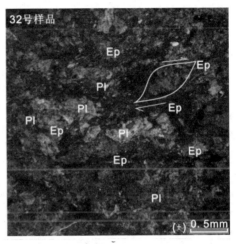

照片 13-18　强绿帘石化初糜棱岩显微镜下特征
矿物代号:Pl. 斜长石;Ep. 绿帘石

基质:主要是长石的细小颗粒,石英很少,主要是绿帘石集合体,也有部分是绿泥石集合体,它们常构成断续条状,波浪状定向分布。有些条状绿泥石可能是原岩的黑云母或角闪石蚀变的结果。

岩石中无论是碎斑还是基质,绿帘石都比较多,根据旋转碎斑形态,可以判断其剪切方向为右行剪切。剪切面理的方向与宏观上糜棱岩带的方向基本一致。

岩石定名:绿帘石化初糜棱岩。

2) 糜棱岩(8 号、42 号、45 号样品,照片 13-19)

8 号岩石为糜棱结构,流状构造,由碎斑(30%±)和基质(70%±)组成。有许多微细方解石脉穿过,脉宽多为 0.01～0.02mm,方解石脉沿流状构造方向延伸,宽窄不一,最宽处约 0.15mm。

碎斑:多呈长透镜状,也有呈近圆粒状。长透镜状的长 1.3mm 左右,宽 0.3mm 左右。近圆粒状的粒径 0.16mm 左右,有的呈多个近圆粒状颗粒连在一起组成一个长的透镜体,其长度达 1.12mm,宽约 0.4mm,其间充填有绿泥石和方解石及少量磨碎的碎基。碎斑普遍具有裂纹,裂纹中充填有方解石,也有少数为绿泥石,碎斑的成分主要是石英,也有长石。石英碎斑都具有裂纹,无色透明,一级灰白干涉色,普遍具有波状消光。长石碎斑全部黏土化及绢云母化,有的全被小颗粒的方解石交代,很少有完整的长石残留。碎斑的长轴方向与流状构造的方向一致或具有较小的夹角。

基质:主要是绿泥石,次之为绢云母,还有方解石及少量铁质不透明矿物,也有磨碎的与碎斑成分一致的矿物微粒。绿泥石呈纤维状,很淡的浅绿色,一级深灰干涉色。绢云母也呈纤维状,最高干涉色一级浅黄白色。这些纤维状矿物呈平行流状构造定向排列。

岩石定名:黑绿色绿泥石化碳酸盐化长英质糜棱岩。

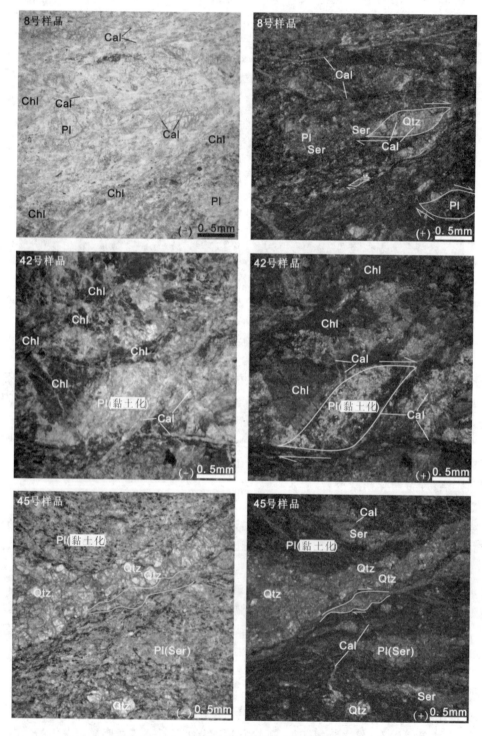

照片 13-19 碳酸盐化、黏土化、绿泥石化糜棱岩
矿物代号：Pl. 斜长石；Qtz. 石英；Cal. 方解石；Chl. 绿泥石；Ser. 绢云母

42号岩样为糜棱结构，流状构造，有方解石细脉穿过，碳酸盐化和绿泥石化强烈。岩石由碎斑(35%)和基质(65%)组成。

碎斑：呈长椭圆状、云朵状、条状，小的长0.4mm左右，最宽处0.17mm，大多数长1.4mm左右，宽约0.85mm，长轴方向大体上与流状构造方向基本平行或呈锐角相交。绝大多数碎斑发生强烈黏土化和绢云母化以及方解石蚀变，已没有原始矿物残余，仅少数残留有斜长石的痕迹。大多数碎斑内部黏土化和绢云母化，边部碳酸盐化强。

基质：主要是不同色调的绿泥石和黑色铁质混合物，有少量绿帘石沿流状构造方向呈小透镜状集合体。很少微粒状石英，有大量方解石细脉穿插其中，有的碎斑被切断。

手标本上滴稀盐酸，快速起泡，说明方解石含量较多。

岩石定名：黑绿色碳酸盐化绿泥石化强蚀变糜棱岩。

45号样品为糜棱结构，流状构造。岩石中有不少方解石微细脉穿插。岩石由碎斑(30%±)和基质(70%±)组成。

碎斑：呈眼球状、椭圆状等，粒径宽在0.06～0.25mm之间都有。碎斑的成分有石英、长石及长英质集合体(岩石碎块)。长石碎斑都发生强烈蚀变成为黏土矿物、绢云母以及方解石。石英碎斑不少已成为亚颗粒，并出现许多裂纹。在石英的裂纹中充填有长英质碎粒及方解石微小晶体。石英亚颗粒都具有波状消光。长英质集合体中的石英也具有波状消光。

基质：由绿泥石、不规则断续条状铁质矿物、长英质粉末、方解石构成。不少浅绿色绿泥石与断续条状铁质构成波状起伏的流状构造，有的由长英质细粉末和方解石共同构成长短不同、厚薄不同的条带，基本平行于流状构造方向。

根据旋转碎斑形态，可以判断其剪切方向为右行剪切。剪切面理的方向与宏观上糜棱岩带的方向基本一致。

岩石定名：碳酸盐化绿泥石化长英质糜棱岩。

3) 糜棱片麻岩(16号样品，照片13-20)

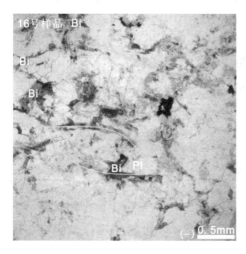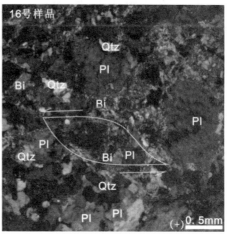

照片13-20 糜棱片麻岩显微构造特征

矿物代号：Pl. 斜长石；Qtz. 石英；Bi. 黑云母

变余糜棱结构,片状、粒状变晶结构,碎斑片麻状构造。岩石由变余碎斑(25%±)和重结晶碎基(75%±)组成,重结晶碎基具有弱片麻状构造。岩石属于变晶糜棱岩类。

变余碎斑:颗粒粗大,呈圆粒状及透镜状或眼球状,长轴方向大体平行于弱的片麻理方向,大的碎斑粒径达 2.8mm,中等大小 1.7mm 左右,小的粒径大约 0.8~1.2mm。碎斑成分主要是钾长石,有少量斜长石,钾长石碎斑主要是微斜长石,少量条纹长石。

重结晶碎基:由黑云母(10%)、石英(25%)、钾长石(25%)和斜长石(15%)组成。黑云母呈宽条状,暗绿—浅黄白多色性,一组解理发育,平行消光,部分沿边缘或解理发生白云母化或绿泥石化,一般长 0.18mm,宽 0.06mm 左右。石英为它形,形态极不规则,颗粒边界弯弯曲曲,粒径在 0.05~0.3mm 之间,大多数为 0.15mm 左右,颗粒干净透明无色,都具有弱的波状消光。钾长石为不规则状,有条纹长石,也有微斜长石,在与斜长石接触处可见蠕虫结构,一般粒径 0.17mm 左右。斜长石半自形—它形,聚片双晶常见,有弱的黏土化,绢云母化很少,一般粒径 0.2mm 左右。

根据变余糜棱结构中的旋转碎斑形态,可以判断其剪切方向为左行剪切,与其他糜棱岩的普遍规律相反,这种现象可能有两种原因:一是标本定向切片时顶、底面颠倒,导致本来的右行剪切变成了左行;另一种可能是这种重结晶作用明显的糜棱片麻岩与其他的主体糜棱岩不是同期形成的,该糜棱片麻岩可能是早期韧性剪切构造岩的残留。

岩石定名:黑云二长糜棱片麻岩。

3. 后期脆性构造岩——碎裂岩系列

这些构造岩已经不属于韧性剪切带的范畴,是叠加在其上的脆性断裂活动的产物。

经鉴定为碎裂岩的样品有 6 个:5 号、12 号、29 号、33 号、43 号和 44 号。现选取其中典型的两个 29 号和 44 号作简要介绍(照片 13-21)。

1) 29 号样品

碎裂岩组构。岩石由碎斑(65%)和碎基(35%)组成。

碎斑:主要是斜长石和石英碎斑,斜长石较多。斜长石碎斑都发生黏土化和绢云母化,有很多裂纹,裂纹中充填有与碎基成分相同的物质,有些碎斑中残留有斜长石聚片双晶。石英碎斑干净透明,有许多裂纹,裂纹中常充填斜长石碎粉(也发生黏土化和绢云母化)。石英碎斑最高干涉色为一级白,正低突起,普遍发育波状消光。大多数碎斑粒径在 0.5~1.5mm 之间,还有少量已绿泥石化并有铁质析出的碎斑,从其形态和解理缝的多少分析,可能是角闪石和黑云母。部分碎斑为棱角状,说明未发生强烈剪切旋转。

碎基:主要与碎斑成分相同的磨碎的细粒物质,成分主要有绿泥石、石英、斜长石细粒及铁质不透明矿物,此外还有不少方解石。绿泥石往往沿着很长的微裂隙呈线状分布,有的穿过碎斑。在碎基的裂隙中有时充填的是方解石集合体。

岩石定名:碳酸盐化绿泥石化碎裂岩(原岩可能是石英闪长岩)。

2) 44 号样品

肉眼观察手标本为灰绿色,碎裂组构,碎斑呈浅红色,多呈透镜状,有许多微裂隙呈波浪状环绕碎斑,裂隙中充填有绿色的绿泥石。

镜下特征:碎裂组构,裂隙十分发育,大多数小裂隙呈波浪状近于相互平行。岩石由碎斑(70%±)和碎基(30%±)组成。微裂隙较发育,各个方向都有。较大裂隙(一般宽 0.2mm)各方向都有,但彼此近于呈波浪状平行的较多一些,这些较大裂隙中充填绿色纤维状绿泥石及断

照片13-21 碎裂岩显微构造特征

矿物代号：Pl. 斜长石；Qtz. 石英；Chl. 绿泥石；Ser. 绢云母

续出现的长条状黑色物质，还有少量绢云母和方解石。

碎斑：大多为不规则棱角状，也有次棱角状和次圆状，大小混杂。有矿物碎斑，也有岩块碎斑。矿物碎斑主要是斜长石和石英，有少量绿泥石化暗色矿物，岩石碎斑是由石英和斜长石组成的集合体。岩石碎斑长度达3.5mm，宽度1~2mm不等，碎斑小的长度近1mm，宽度0.3mm左右。在碎斑，尤其是石英碎斑的微裂隙中充填有绢云母和方解石碎基，有的还有微粒石英。

碎基：主要是斜长石蚀变的绢云母、方解石和微粒石英以及绿泥石，在较大的裂隙中充填的碎基主要是绿泥石和黑色铁质矿物。

由于碎斑中斜长石全部蚀变为黏土矿物、绢云母和方解石，与碎基中黏土、绢云母、方解石混在一起，没有明显界限，含量上不好估计，只能粗略估计以便定名。

岩石定名：碳酸盐化绿泥石化碎裂岩。

### 五、糜棱岩显微构造分析

通过详细的透射偏光显微镜下观察,雅江桥韧性剪切带中糜棱岩发育的显微构造主要有以下几种。

(1)显微破裂:主要是在矿物碎斑中韧性剪切作用派生的显微剪切破裂,尤其是在比较刚性的残斑中,常见到一些楔形或锯齿状张裂隙,多被某些后生的矿物充填。也有一些裂开并不明显、形态平直的剪切破裂面,有时发育两组剪切面,它们与宏观裂隙特征相似。在糜棱岩中,显微破裂只限于残斑晶体内,并不延伸到周围的基质中。它们只反映局部应力场的作用。

(2)旋转碎斑系拖尾构造:在剪切作用下,岩石粒间滑移,使残斑发生转动,在残斑的两侧常发育由基质或动态重结晶物质组成的结晶尾,它可以指示剪切运动方式。残斑一般呈圆形、椭圆形、方形或近方形,较强硬,以长石多见,少量石英。拖尾呈单斜对称的"σ"形,发育楔状结晶尾,结晶尾的中线分别位于包含残斑系对称轴的参考面的两侧,相互平行或近于平行。

(3)S-C组构:即S-C面理,糜棱面理(S)和剪切面理(C)普遍被认为是剪切带中存在的典型面理构造。糜棱面理是指由矿物或矿物集合体优选定向形成的叶理,通常由片状矿物、强烈拉长的丝带状石英或多个石英颗粒组成的石英条带和其他强烈拉长的矿物定向而成,又称为S面理。在剪切带内,S面理的方位一般随带内应变的强弱而不同。在剪切带边部弱应变带,S面与剪切带的边界呈45°夹角,但随着应变向剪切带中心的逐渐增强,夹角也相应变小,甚至平行,整体上构成"S"形。雅江桥糜棱岩中S面理和C面理的夹角普遍较小,在旋转碎斑较多地排列在一起的地方,二者夹角较大,易于观察。

旋转碎斑系和S-C组构可以用来判断剪切方向,"σ"形碎斑的拖尾以及S面理和C面理的锐夹角都可以指示剪切运动方向。从几个样品的显微构造观察发现,糜棱岩中反映的剪切运动方向大部分为右行剪切。

(4)拔丝条带:矿物晶体发生塑性变形时最明显的特征是形态变化,随着变形强度增加,拉长矿物轴比(长度和宽度比值)变大,最终单个矿物晶体拉长成单晶矿物条带。雅江桥糜棱岩中发生拔丝条带的矿物主要是石英和少量不透明铁质矿物,作为基质环绕旋转碎斑。

(5)波状消光和带状消光:矿物晶体内由于位错滑移等塑性变形作用,导致晶体的不同部位消光位不同,产生带状消光和波状消光等现象,但在单偏光镜下为一个完整的颗粒。雅江桥糜棱岩中的石英颗粒普遍具有较强的波状消光。有时在矿物晶体内有一种宽且界面清晰的消光带。是由应力导致晶格位错运动形成的规则位错壁,由位错壁分割成不同的消光区域。

(6)亚颗粒:位错壁围限的多边形体,表现为结晶方位小角度($\theta<12°$)偏离主晶的偏转区域所构成的多边形亚构造,亚构造之间被低角度的亚颗粒边界分隔。亚颗粒是在恢复过程中由位错的攀移、交叉滑移面形成位错壁构成的多边形化,多发生在温度较高环境中。雅江桥糜棱岩中石英颗粒的边部甚至整体很多都存在亚颗粒,颗粒边界弯曲。

Bell(1981,1985)通过对韧性剪切带变形的研究提出,由于岩性不均一性,确切地说是不同矿物或块体物理性质差异,韧性剪切变形可以分解为:①无应变区;②递进缩短区;③递进缩短+递进剪切应变区;④递进剪切应变区。并且认为,变形分解作用可以在不同尺度上发生。事实上,由于变形分解作用,往往导致剪切带中应变的不均一性。造成强应变带之间弱应变域的存在。这可在韧性剪切带内不同尺度上表现出来。

微观显微构造中的碎斑部分,即是弱应变域,而环绕其通过的基质为强应变带,其中矿物颗粒被磨细,有的矿物被拉长,在剪切作用下带动碎斑旋转。在宏观尺度下,剪切带内的域组构往往由强应变的糜棱岩、超糜棱岩组成的强应变域(或构造片麻岩)与弱应变的糜棱岩化岩和初糜棱岩化岩组成的弱应变域相间而成,只不过在不同构造层次形成的域构造不同。在中浅构造层次中强弱应变域往往呈线性相间排列,而在深构造层次中,岩石的塑性增加,强应变域往往构成网状形态或网状结构。弱应变域中,先存残余构造不同程度地得到保存。

## 六、韧性剪切带工程地质特征

为了查明坝址区韧性剪切带内岩体的工程地质特性,分别在左、右岸进行了详细的工程地质测绘和试验,左岸坑槽布在脆-韧性剪切带内,右岸平硐布在强绿泥石化岩体中,钻孔和地表分别进行了压水试验和注水试验。

宏观观察和试验表明:韧性剪切带中的糜棱岩质量好,岩质致密,锤击坚硬的岩石,发出清脆、洪亮的声音;抗风化能力、抗冲刷能力强,在金沙江岸边常常形成"龟背"状地形,岩体表面光滑,保留在岸边的冲刷坑和沟槽纵横向几何尺寸一般在 1m 以内;渗透性极差,具有很好的隔水性。初糜棱岩一般呈镶嵌结构者居多(见照片 13-12),质量较差,岩石呈半坚硬—坚硬状;抗风化能力、抗冲刷能力较差,在金沙江岸边一般形成沟槽或缓坡;渗透性较好。绿泥石化岩体,坝址区呈块状和次块状结构,局部为镶嵌结构,质量较好,岩石呈坚硬者约占 60%;抗风化能力、抗冲刷能力较强,在金沙江岸边一般形成陡坎或陡崖、凸岸或小型岛屿,保留在岸边的冲刷坑和沟槽纵横向几何宽度一般在 0.5m 以内;渗透性较好。

综上所述,雅江桥韧性剪切带自晋宁期至燕山期有多次活动。由岩石的宏观特征和显微构造分析可知,现在地表出露的岩石(体)来自深层,经高温、高压韧性、脆-韧性剪切变形后,坚硬矿物呈定向排列形成面理,其面理走向为 NE30°~60°,长超出工程近场区范围,坝址区宽为 450m 左右。带内有小型揉皱,局部暗色矿物富集,剪切派生的张应力形成的雁列脉等,与围岩呈突变紧接触。经历了多期韧性、脆-韧性剪切变形,后来西部整体抬升,金沙江下切,使中、深部形成的韧性剪切带、脆-韧性剪切变形岩体露于地表。根据韧性、脆-韧性剪切带的走向和性状分析,韧性、脆-韧性剪切带不控制金沙江水系,也未改变支流的方向,后期脆性断层主要受南北向和北西向断层活动的影响。根据周边沉积岩的分布和变形判断,早更新世以来韧性剪切带没有活动。

根据野外宏观特征和镜下鉴定结果,类比桐子林坝址区岩石(体)工程性质,将银江坝址区韧性剪切带内岩石(体)的工程性质宏观评价列于表 13-2。

**表 13-2 坝址区韧性剪切带内岩石(体)工程性质宏观评价表**

| 工程性质 | 糜棱岩 | 初糜棱岩 | 绿泥石化闪长岩 | 绿泥石化花岗岩 | 备 注 |
| --- | --- | --- | --- | --- | --- |
| 岩体质量 | 好 | 差 | 较差 | 较好 | 相对于花岗岩、闪长岩的工程性质而言 |
| 抗风化能力 | 强 | 较差 | 较弱 | 较弱 | |
| 岩体卸荷 | 弱 | 较强 | 较强 | 较强 | |
| 抗冲刷能力 | 强 | 较差 | 较强 | 较强 | |
| 渗透性 | 差 | 较差 | 较好 | 较好 | |
| 弹性波速 | 高 | 较高 | | | |

注:本表不含后期脆性断层构造岩。

### 七、韧性剪切带活动性

**1. 活动期次**

古生代,自震旦纪晚期至二叠纪晚期,该区地壳活动以振荡运动为主,明显地表现出时海时陆的环境,有5次较长时间的升起成陆,缺失寒武系至石炭系较多古生代地层。可以说明,在该时期强烈的构造运动作用中,在较深部位、较高温压条件下发生了区域性的动热变形变质作用,结晶基底岩石产生了不同程度的变质,与此同时,雅江桥韧性剪切带初步形成并隆起。

中生代,自晚三叠世以来,地壳又渐趋活动,局部先发生坳陷,后逐渐扩大,控制了该区晚三叠世以来地层沉积。银江水电站工程区金沙江两岸出露的盖层为一背斜,其地层主要为三叠系地层与岩浆岩、结晶基底呈不整合接触,缺失二叠系至震旦系地层。三叠系地层之上侏罗系—白垩系地层分布连续,在金沙江两岸呈不对称分布。其中,左岸三叠系地层距坝址0.3km左右,出露的侏罗系—白垩系地层距坝址4km左右;右岸三叠系地层距坝址2.5km左右,侏罗系—白垩系地层距坝址13km左右。盖层缺失的地层较多,表明基底上升时代较早,至少是在三叠纪前就露出近地表。此次构造运动对韧性剪切带进行了改造,构造形迹较弱,带内以$S_2$为层面,形成大小不同的褶皱或产生一组与小褶皱轴面平行的劈理或垂直片麻理的糜棱岩带。

新生代,研究区地壳整体大范围抬升,雅江桥韧性剪切带随之上升。金沙江在古近纪晚期至新近纪早期贯通后,河谷迅速下切,韧性剪切带逐渐露出地表,经新构造运动后,形成现代地形地貌和地质结构特征。喜马拉雅运动晚期,区内近东西向的挤压力转为北北西向的挤压作用力,这种北北西向的挤压作用力造成测区的左行走滑,同时近南北向挤压使韧性剪切带内形成了近东西向的规模较小的脆性逆断层。

**2. 活动性质**

从晋宁期的岩浆岩变形到三叠系砂岩的褶皱和变质,表明雅江桥韧性剪切带经历了漫长的历史时期。其活动性既有韧性剪切变形,也有脆-韧性剪切变形。韧性剪切变形特征明显,除后期拉张变形侵入的岩脉未发生韧性变形外,坝址区的左岸倮果断层至江边出露的各类岩脉均有典型的韧性变形特征,如岩脉呈肠状、"A"字形。脆-韧性剪切带不连续面两侧一定范围内的岩层发生一定程度的塑性变形,与断层的牵引作用类似。韧-脆性剪切带表现为剪切派生的张应力形成的雁列脉,如右岸勘探平硐中揭露的蚀变橄榄二辉玢岩脉、石英脉等呈斜列平行展布,而脉体两侧多为脆性断层接触,断层两盘岩性无韧性变形形成的面理或揉皱,反映岩石脆性破裂特征;张裂隙之间的岩石一般受到一定程度的塑性变形。

银江水电站坝址区韧性剪切带内岩石以晋宁期黑云闪长岩为主体,夹有绿泥石片岩、石英闪长岩、花岗闪长岩、花岗岩、斜长角闪岩等,岩石具有绢云母化、绿泥石化,少数具强蚀变现象,其间还穿插较多的辉绿玢岩、煌斑岩、石英岩、伟晶岩脉及方解石脉等。这些不同时期、不同性质岩脉的不同程度的变形,表明该韧性剪切变形经历了多期挤压和拉张性质的活动。

雅江桥韧性剪切带向西被倮果断裂所围限,东北方向被晚三叠世宝鼎组($T_3bd$)陆相沉积不整合覆盖,表明该韧性剪切带的最后一次活动在倮果断裂活动和宝鼎组沉积之前。根据前述韧性剪切带穿过的最晚的地质体是$T_1R$和$T_1D$,可以限定该韧性剪切带的最后一次活动的时间在早三叠世—晚三叠世之间,很可能是中三叠世,属印支运动时期。该韧性剪切带在晚三叠世以来的2.2亿多年没有再发生韧性剪切活动。

为进一步了解韧性剪切带的活动年代及北西侧倮果断裂带活动年代,在韧性剪切带内的脆性断层及倮果断裂带取样,其中倮果断裂带取样5个,韧性剪切带内取样7个,送至中国地震局地壳应力研究所进行地质年龄测定和热释光年龄测定。

通过现场地质调查,参考测年结果资料,对韧性剪切带活动年代及北西侧倮果断裂活动时代得到以下认识:

(1)雅江桥韧性剪切带形成后,受后期构造运动影响,带内产生规模较小的脆性断层,断层走向主要为北东向、北东东向、北西向,北西向断层多被北东向断层错断,可见北西向断层要比北东向断层较早形成,样品多取自北东向断层。测年结果表明这些脆性小断层形成年代一般在$(441.82\pm48.60)$~$(1\,111.11\pm122.22)$ka,属早更新世—中更新世活动断裂,不属工程活动断层。

测年年龄资料显示断层最早活动年龄为$(1\,111.11\pm122.22)$ka,该断层位于银江镇金沙江右岸平硐硐深59.0m处,断层走向335°,倾向65°,倾角75°,构造岩为灰黑色碎粒岩,密实状,构造岩无热动力变形变质现象,由此表明雅江桥韧性剪切带在早更新世以来没有再次活动。

(2)本次调查在倮果断裂带主断裂及东侧分支断裂取测年样,断层活动年龄测定值为$(105.04\pm8.93)$~$(173.34\pm14.73)$ka,均属中更新世活动断裂,不属工程活动断层。

## 第五节 结 论

(1)雅江桥韧性剪切带所处大地构造部位为扬子准地台之康滇地轴中部,康滇地轴在地质历史上长期受西部地槽强烈活动的影响,岩浆活动强烈,沿张裂带侵入中性、酸性、基性、超基性岩浆。

(2)雅江桥韧性剪切带在研究区内经搬开洞、马家田沟向北北东方向延伸,至密地桥下游一带后,大致沿金沙江呈NE45°方向延伸至金沙江与雅砻江交汇处,后顺雅砻江河谷经花滩向北北东向延伸,穿过雅砻江桐子林坝址。韧性剪切带夹持于近南北向磨盘山-绿汁江断裂与北东向倮果断裂之间。

(3)雅江桥韧性剪切带的原岩以石英闪长岩为主体,间有太古宙更长花岗岩,华力西期的区域性动热变形变质作用使此区间岩体呈剪切应变状态,导致岩体的岩脉等产生塑性变形,燕山期构造运动继承了此种状态并再结晶成岩,矿物产生定向排列和局部的富集,随着喜马拉雅运动地壳抬升和金沙江河谷下切,此岩体逐步出露于地表,形成"雅江桥韧性剪切带"(图13-5)。

喜马拉雅期后期倮果断裂等再次活动,受其影响此区域内岩体产生了一系列破裂变形,导致沿倮果断裂带附近岩体内微裂隙发育、岩体破碎。

(4)坝址区韧性剪切带宽度为450~600m,带内以黑云闪长岩、绿泥石化石英闪长岩为主体,间夹透镜体状初糜棱岩、糜棱岩,糜棱岩宽几厘米至2m,初糜棱岩宽1~3m。岩石普遍有绢云母化、绿帘石化,少数显强蚀变现象,其中左、右岸岩体中所夹的花岗岩脉、石英岩脉等均有韧性、脆-韧性变形特征;右岸平硐内橄榄二辉玢岩脉、石英岩脉、方解石脉和江边橄榄二辉玢岩脉均无韧性、脆-韧性变形迹象。倮果大桥至雅江桥河段,韧性剪切带内岩石以片麻岩及

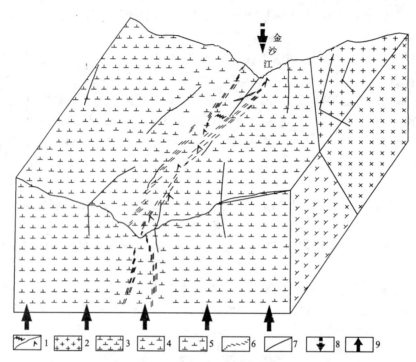

图 13-5 银江坝址区雅江桥韧性剪切带及碎性断层形成机制模拟图
1. 岩脉；2. 花岗岩；3. 闪长岩；4. 绿泥石化闪长岩；5. 强绿泥化闪长岩；6. 千糜岩；
7. 碎性断层；8. 河流下切；9. 块体整体抬起

条带状混合岩为主，具强蚀变现象。

（5）韧性剪切带内无区域性断裂穿过，受后期构造运动影响，带内发育规模较小的脆性断层，断层走向以北东向为主，断层带宽 3~4m，性状较差，多顺河向分布，呈斜列展布或小锐角相交，交汇处岩体质量差，但岩体质量差的范围不大，且呈带状分布或透镜体状分布。

# 第十四章 实例3 断层活动性调查

## 第一节 应用Google Earth搜索地图与绘图说明

应用Google Earth搜索地图确定断层出露位置,根据影像初步判断断层活动性强弱的地段、断层基本特征,然后有目的地进行野外调查,寻找断层活动性宏观证据,在活动性强的断层剖面上的构造岩和断层上覆地层中取样,进行测年分析并确定其活动年代。

本例是根据Google搜索地图勾绘断层三角面及沟谷的地形地貌特征,其地貌主要突出断层三角面,抓住这一典型特征分析其活动性有较好的说服力;岩性差异大好区别,上盘为震旦系白云质灰岩、灰岩,下盘为白垩系紫红色泥岩、砂岩;老地层在上,新地层在下,逆冲性质一目了然。断层陡崖下崩积块石沿断层走向呈带状分布,断层三角面呈线状分布,具典型的断层活动所遗留下来的活动标志。有人提出此图为何没标方向,这个图中的断层走向刚好是北东向,图的上方为正北,前已述及,一般图上没特地指明方向,基本上是上北下南,左西右东就是理所当然的了,但三维图是变形了的,与正北还是有区别的,所以标上方位读图更方便。

## 第二节 背景资料

地形地貌,瓦厂田断层地处青藏高原东南部川滇山地区,主要属山原峡谷地貌。地貌结构是以丘状高原面或分割山顶面为"基面",基面之上有山岭,基面之下为河谷和盆地。其基面大致由北西向南东倾斜。

地层岩性:区内地层由基底和盖层双层结构组成。基底为元古宇碎屑岩、火山碎屑岩及碳酸盐岩浅变质岩组成的褶皱基底。盖层发育不全,特别是坝址比选河段内仅分布有上震旦统、下二叠统、上二叠统峨眉山玄武岩、上三叠统—第三系,缺失下震旦统、寒武系—石炭系、中下三叠统。各系地层中除震旦系与中元古界明显角度不整合外,其他多为平行不整合。

地质构造:乌东德水电站地区大地构造属扬子准地台西部所属康滇地轴的中南部。扬子准地台西部的康滇地轴是一个形成历史早、呈南北向的长期隆起的活动带。区域构造格架以南北向断裂为主,自西向东主要有程海断裂、磨盘山-绿汁江断裂、安宁河断裂及汤郎-易门断裂、普渡河断裂、小江断裂等。

糖房-瓦厂田断层发育在以小江断裂带、磨盘山-绿汁江断裂为东西边界的断块内(南北向),系北东向断裂系中规模较大的断层。断裂的形成和发展主要受区域构造变动、变形发展的制约,对本地构造变形和沉积环境不起控制作用。

糖房-瓦厂田断层历史上无破坏性地震记载，现今仪器记录小震活动稀少，属地震活动弱的地区。更无小震沿糖房-瓦厂田集中成带现象。

## 第三节　断层空间展布特征

从 Google Earth 搜索地图上可以清楚地看出，由四川会理县通安西南向北东双堰乡一带，文家村—格勒有两条较清晰的线性影像（照片 14-1），走向 45°～70°，两条断层近平行展布。其中一条在火石乡、踩马水、马鞍山等地线性影像连续，显示断裂构造迹象；另一条在文家村、雷打牛等地线性影像连续，显示断裂构造迹象，断层存在毫无疑问。

调查研究表明，糖房-瓦厂田断层北东起四川省会东县双堰乡张家碾房附近，向南西经过马鞍山、踩马水、火石乡牛泥塘、一把伞，尖灭于会理县通安镇瓦厂田附近。

现就断层展布特征和规模叙述如下：

断层从南西边会理县瓦厂田向北东延至会东县张家碾房，全长约 60km。Google Earth 搜索图反映断层的中段线性影像清晰，地表出露和现场调查断裂地貌形迹清楚，断层规模相对较大。断层总体走向为北东 50°～70°，倾向北西，倾角 50°～70°，主断面呈波状延伸。

照片 14-1　糖房-瓦厂田断层地貌特征全景

一把伞处断层主断带见于公路开挖的边坡上，地貌上为一宽缓的垭口，无断层陡崖和错断山岭的迹象。其地层为白垩系砂岩夹泥岩，岩层产状为走向 60°，倾向南东，倾角 73°，局部近直立，直立岩层总宽约 50m。断层走向为 50°～55°，倾向北西、倾角 55°～65°，断面呈舒缓波状。在火石乡至马鞍山断层出露明显，地貌总体上为北西高、南东低的断层崖特征。其中火石乡牛泥塘处断层上盘为震旦系灯影组（$Z_bd^2$）白云质灰岩，产状为倾向 40°，倾角 50°左右。断层下盘为 $K_1c^1$ 泥岩夹砂岩，产状为倾向 310°，倾角 20°～30°，断面为波状。

马鞍山以东碳窑子至张家碾房一带，断层的地貌特征逐渐变得不清晰了，岩层倾角陡的地段，断层穿过部位地貌无明显的变化。随着断距逐渐变小，错断的地层基本在同一个时代，没有断层垭口和沟谷、槽谷出露。

## 第四节　断层带特征

根据 Google Earth 搜索地图确定断层出露位置进行现场调查，断层构造岩以角砾岩为主，局部地段见碎粒岩、碎粉岩或断层泥，构造岩总宽度一般 5.0～10.0m，在火石乡牛泥塘处最宽约 60m。断层的断距在火石乡和马鞍山附近（断层中间部位）较大，北东张家碾房和南西瓦厂田附近小,在尖灭地段岩层多呈直立状,再向北东和南西两端延伸规模渐变小,且岩层产状趋于平缓。

在一把伞处断层以一组近平行的斜切岩层的小断层为主(图14-1),发育在一小背斜核部,断层带宽20m,3条小断层构造岩以挤压片理为主,宽0.30～0.60m;灰绿色碎粒岩分布不连续,呈透镜体状,宽0.05～0.10m;每条断层两侧的软岩均有层间剪切带,呈帚状构造,其内充填有方解石、石英脉和团块。有两期:一组与断层上盘岩层走向一致150°∠75°;一组斜切岩层,其产状为300°∠25°;岩层褶皱上部已被剥蚀,断层$F_1$上盘($K_2l^2$)岩层倾角由70°迅速变为50°,断层$F_3$下盘白垩系($K_2l^1$)岩层倾角由直立渐变为45°以下。

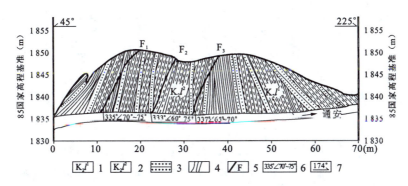

图14-1 糖房-瓦厂田断层一把伞处地质剖面图
1. 白垩系雷打树组下段;2. 白垩系雷打树组中段;3. 砂岩;4. 黏土岩;
5. 断层及其编号;6. 产状;7. 剖面方向

在火石乡牛泥塘处断层有4个断面。断层F的产状为走向60°～65°,倾向北西,倾角55°～60°,断面为波状;断层$F_1$:332°∠70°;断层$F_2$:325°∠70°;断层$F_3$:330°∠73°。4个断面平直稍粗;构造岩宽10m左右,其中灰绿色碎粒岩宽3.0m,胶结差,碎粒岩两侧角砾岩宽度分别为2.0m和4.0m,F—$F_1$影响带宽4.0m,$F_2$至南东为褶皱带,在火石乡南东宽约100m。断层构造岩带处地貌为典型的不对称垭口(图14-2)。受岩性影响上盘上震旦统灯影组($Z_bd^2$)白云岩、白云质灰岩形成陡崖,下盘为下白垩统($K_1x^1$)泥岩夹砂岩,砂岩挤压形成小型褶皱,泥岩挤压十分破碎,局部有小断层、裂隙错断灰绿色泥岩。

在踩马水、糖房,断层构造岩以角砾岩为主。碳窑子处断层有4个断面,主断带处地貌为一宽缓的垭口(图14-2);构造岩总宽约20m,其中,浅灰色、灰色碎粒岩3.0m,灰色角砾岩15m,浅灰色、紫红色劈理带1.0m。断层上盘为震旦系白云岩、白云质灰岩,岩层倾角近直立,形成断层陡崖;下盘为下三叠统—上侏罗统泥岩夹砂岩,岩层倾角45°～50°,露头处岩层无错断和褶皱现象。

在四川省会东县双堰乡附近分为两支,其中在张家碾房附近断层尖灭在白垩系地层中。地貌形态为一宽缓的垭口,垭口北东为"V"字形小冲沟,在较硬的砂岩地段形成2m高左右的陡坎。

断层走向在平面上向北东延伸渐变为80°～85°,倾向以北西为主,少量陡倾角裂隙性断层倾向南东,如$F_1$产状为175°∠(60°～55°),$F_2$产状为170°∠60°,$F_3$产状为172°∠(55°～60°),3条小断层间距约1m。从典型的灰绿色泥岩错断关系判断,断层呈逆冲性质。断层带宽25m。

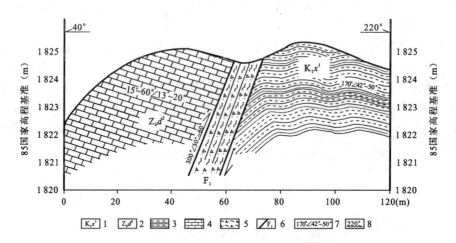

图 14-2 糖房-瓦厂田断层牛泥塘处地质剖面

1. 白垩系下统小坝组下段；2. 震旦系上统灯影组上段；3. 黏土岩夹粉砂岩；4. 灰岩；
5. 断层角砾岩；6. 断层及其编号；7. 产状；8. 剖面方向

其中，紫红色角砾岩宽 1.2m，胶结差，挤压片理宽 5m，破碎带宽约 14m，断层带的南东侧（下盘），北西（上盘）发育一组北北东向的小断层。将紫红色粉砂岩错断，具有明显的挤压变形，软岩挤压成片理，硬岩则被折断，但断距一般较小，有的还残留有牵引，最大断距只有 0.5m。

## 第五节　断层活动性分析

Google Earth 搜索影像图显示，糖房-瓦厂田断层的影像特征明显。尤其是火石乡北东和南西一带沿断层线性影像特征清楚，地形陡崖、断层三角面至今清晰可见（照片 14-2）。现场调查表明，这段线性影像是断层构造的反映，显示该断层曾经过明显的剪切及逆冲运动。由于地层岩性及岸坡结构上的差异，从而将地层覆盖及断面特征等表现出来。

照片 14-2　火石乡北东糖房-瓦厂田断层三角面分布特征

野外调查发现,在火石乡附近震旦系灰岩、白云质灰岩大量向下崩塌(图 14-3),沿断层形成槽谷,槽谷总体走向为 50°,槽谷所切割的山脊没有形成断层崖,仅形成一宽缓的垭口。北东方向沿断层面形成不连续的槽谷,这主要是受北西方向冲沟的影响。在断层的构造岩和主要断面上见有 3 组擦槽,其走向分别为 340°、0°、15°。在一把伞处方解石脉有两期,近东西向的方解石脉错断近南北向的方解石脉,方解石错断呈斜列展布,显示断层为压扭性质。

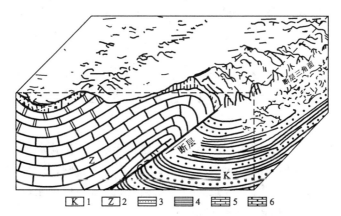

图 14-3　瓦厂田-糖房断层特征及活动性分析图
1. 白垩系;2. 震旦系;3. 砂岩;4. 泥岩;5. 灰岩;6. 白云质灰岩

断层穿过水系部位无错断水系的迹象,如断层穿过鲹鱼河、双堰乡附近的双河段均无错位迹象,没有明显地控制水系发育和错断水系的情况出现。在四川省会东县火石乡附近,震旦系灰岩、白云质灰岩逆冲在白垩系砂岩、泥岩之上,并沿断层走向形成多个断层三角面(见图 14-3)。三角面坡脚处有大量的崩积块石,但是,坡面上未见到新的崩塌,而且植被茂密,表明断层活动渐趋微弱。

# 第十五章 实例 4 抗震救灾
## ——汶川地震高烈度区水利水电工程震损特征及规律

## 第一节 研究目的与绘图说明

汶川地震后不久就进入雨季，水利水电工程受地震影响，很多坝体开裂。通过统计分析坝体上裂缝分布位置、裂缝规模、性状，对水利水电工程震损程度进行分类，调查坝基地质条件，分析裂缝除地震外的其他地质因素，收集库区集雨面积；提出震损严重的应急处置措施，确保水库下游居民和交通不受到威胁，安全、顺利度汛。

本实例是根据现场调查的水利水电工程大坝震损特征，经统计分析而绘出两种典型图，坝体横断面都是梯形，只是有心墙与无心墙（均质土坝），有防浪面板与无防浪面板在地震中的震损程度和特征不一样。第一种特征是迎水面有防浪面板的坝体变形，地震裂缝性质和平面分布受面板分缝线控制，两条分缝线之间的裂缝一般较短小，斜穿坝体的裂缝长大；另一种是迎水面没有防浪面板的均质土坝体变形特征，地震裂缝多呈弧形，平面分布靠近水边多，坝顶附近较少，裂缝长度一般 3~5m，斜穿坝体的裂缝较少。三维图在反映主次上采用了不同的颜色和线型及阴影线，使图面层次清楚，主体突出。

## 第二节 地震地质环境

### 一、区域地质背景

研究区位于四川盆地的北西边缘（图 15-1），其总体地势为北西高、南东低。盆地高程一般 300~500m，多为丘陵；北西紧邻高山峡谷，河流水系十分发育。大地构造部位为扬子准地台的龙门山-大巴山台缘褶皱带，发震构造为北东向龙门山断裂带，主要由平武-茂汶断裂、北川-映秀断裂（也有称为中央断裂）、江油-灌县（灌县现改名为都江堰市）断裂组成，是一个连发式地震带（傅承义，1976；胡聿贤，2003）。

### 二、地震简介

2008 年 5 月 12 日 14 点 28 分（北京时间），四川省汶川县发生了里氏 8.0 级地震（以下简称 5·12 地震）。震中位于北纬 31.05°，东经 103.47°（图 15-2），最大烈度达 XI 度。地震发生在北川-映秀断裂上，是龙门山逆冲推覆体向东南方向推挤并伴有右旋平移剪切作用的结果

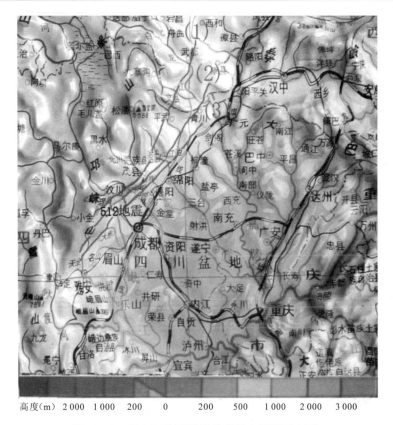

高度(m) 2 000 1 000 200 0 200 500 1 000 2 000 3 000

图 15-1 研究区地形地貌及龙门山断裂展布图

(范晓,2008),也是继 2001 年 11 月 14 日昆仑山口里氏 8.1 级地震后的一次特大地震。此次地震影响范围大,波及大半个中国,北京、上海均有震感;受灾地区多,主震区房屋、道路、通信及水利水电工程等遭到严重破坏,震中映秀镇和极震区北川县城几乎被夷为平地。

## 第三节 水利水电工程简介

### 一、工程概述

地震发生后,笔者参加了水利部组织的"水库震损应急除险方案"现场调查,对地震核心区域的多个水利水电工程进行了震损调查评估。在调查过程中,涉及的范围主要在龙门山断裂带的东侧,四川盆地边缘的绵阳市、安县、都江堰市等 100 余座大、中、小型水库,距震中距离最近只有 17km,最远超过 25km;地震烈度均在Ⅷ度以上。其中,调查以灌溉、养殖为主的中、小型水库多在 20 世纪 60—70 年代兴建,且均为土石坝(当地材料坝),防渗心墙为黏土,人工夯实。以防洪、发电、通航为主的水利水电工程,坝体也多为当地材料坝,但其防渗体有黏土心墙,也有钢筋混凝土面板防渗,如岷江上游都江堰市西北 9km 的紫坪铺水利枢纽工程,距震中17km(图 15-2)。

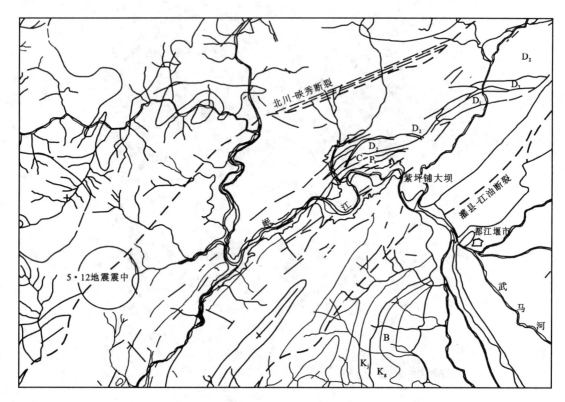

图 15-2 紫坪铺水电站及 5·12 地震震中地理位置图

## 二、坝基地质条件

在 20 世纪 60—70 年代兴建的中小型水库,由于处在特定的历史时期,坝基地质条件有详细记载的不多,清基很不严格,因盆地边缘红层较多,土质黏性大,地震中出现液化的物质不多见。

大型工程紫坪铺水利枢纽大坝坝基及左、右坝肩基岩为泥盆系—二叠系碳酸盐岩和上三叠统须家河组砂页岩含煤地层,岩层层面倾角 62°～70°,小型褶皱发育,岩体较破碎。河床基岩上覆漂砾石、卵石层次单一,不会产生地震液化,清除坝上游一定范围表层漂卵砾石层后,剩余部分一般厚度 10.0～14.0m,最大厚度 15.0m,经碾压后作为坝体的一部分。为了与防渗体衔接,河床左、右岸面板置于基岩上。

## 第四节　工程震损特征及规律

### 一、工程震损特征

研究区地震震损情况总体上可分为如下几种:

(1)坝体裂缝:这是大坝震害中发生概率最高的一种震损现象,并在坝顶一定高度处出现长而宽的陡立拉裂纵向裂缝和横向缝,水平裂缝较少。

(2)坝体震陷:即大坝坝顶下降或者坝高缩小,局部塌陷变形,且主要出现在坝体断面最大处。

(3)护坡损坏:此现象主要是刚性材料护坡挤压破碎或裂缝,上、下游坝坡干砌块石产生块石移位、鼓包和松动现象。

(4)防浪墙及护栏倾倒:防浪墙破坏是地震损害的典型现象,所在工程部位最高,延伸长度最长,破坏性质复杂,出现的裂缝最多;护栏倾倒和房屋震倒有其共性,即水平震动距离大于结构约束的允许变形,最易受到破坏。

(5)面板和混凝土防护坡破坏:钢筋混凝土防渗面板多沿结构分缝处挤裂,沿裂缝边缘有明显的挤压破碎混凝土屑分布;防护坡为刚性材料者破坏最明显。

(6)未处理岸坡崩滑或局部崩落:这在高烈度区是一种严重的地震破坏现象;而经工程处理后的边坡仅表层喷护层局部脱落,无岩体崩滑现象。

(7)其他损害:监测设施损坏,闸门启动用电发电机立轴剪断,管理房框架、玻璃变形等。

(8)在调查的水库中,由于放水卧管和涵洞空间相对较小,没有发现震损破坏严重的现象。

## 二、震损成因及规律

对震损特征的分析表明,在相同的地震烈度区,处于不同地形部位、不同的结构体类型,相同的边坡有无工程加固等,均表现出明显的差异。

1. 坝体沉陷及差异变形

现场调查发现坝体沉陷主要有如下两种情况:①坝体最大断面附近下沉,坝顶及下游坝坡向下和低处滑移并产生纵、横向裂缝和鼓包等变形;②坝体上游坝坡表层钢筋混凝土面板为刚性材料,因沉陷出现裂缝比下游坝坡干砌块石出现裂缝概率高。坝体填料的级配不同,在地震中振密程度也不尽一致。下游坝坡干砌块石变形破坏也不相同。干砌时质量好,块石与块石之间间隙小的地段变形量小,但有鼓包现象,而块石之间间距大者则有振散的迹象。

分析其原因主要是刚、柔性体变形不协调所致。地震时反复振动使其更加密实,但其下沉量有限。根据现场观察和变形资料分析,坝体左、右坝段变形以拉裂为主,中间坝段则多处出现挤压缝,且坝体最大断面附近位移量最大;没有覆盖层或覆盖层较少、厚度较薄的坝体,则无明显的坝体大幅度沉陷。这类变形破坏除受到振动沉陷外,还与坝高、坝坡坡比,填筑物性状、压缩变形等因素有关。可见沉陷变形取决于坝基和大坝材料的绝对变形量,差异变形取决于相邻材料层的变形差异性。

2. 挤压变形

挤压变形主要是坝顶混凝土路面、防浪墙、防浪喷护混凝土出现裂缝较多,并以横向缝为主。其现象多为断裂错开和挤压破碎,少数质量差的部分脱落。地震时坝体与防浪墙变形剧烈,由于坝顶表面为刚性材料,向上、向下有变形空间,但水平方向仅靠伸缩缝来减轻挤压变形是远远不够的;防浪墙结构分缝间距较长,坝体下沉、两侧向中间挤压极易出现破坏,纯土石坝此现象不明显;为防浪冲刷坝坡而喷护的混凝土破坏较多;地下工程破坏较轻;用于排水灌溉的卧管所处位置低,一般埋于大坝附近,且在一定范围内形成一个小整体,地震中要动一起动,所以,基本没有受到破坏;上面衬砌的涵洞顶部多为砖砌拱或长石条盖在上面,因其跨度小,在调查的水库中未发现垮塌和石条折断的现象。

### 3. 拉张变形

这类变形主要表现在震后裂缝出现在坝顶。拉张裂缝与坝轴线近平行或斜列展布,条数多,延伸长,张开宽度大,剖面为"V"形,纵向深度一般 2～3m。这种拉张变形是坝体受纵波峰值的顶托,导致坝体向上、下游临空部位拉张,反复振动使坝体整体松动。除了与地震纵波关系密切外,还与坝体的填料以及填料的物理性质,即填筑材料的密度、粒径、均匀性、透水性等有关。

### 4. 边坡表层变形

工程区边坡具有高陡的特征。现场观察岸坡处理措施为一系列的锚桩,边坡表层为喷护混凝土,厚约 3～8cm。其表层防护层的变形在工程区随处可见,但不严重,只是局部振动表层喷护混凝土变形,未发现岩体不稳和块体崩落,在如此大的地震中没有出现险情和崩塌。

综上所述,高烈度区的水利水电工程在本次强震过程中,表现出如下明显的规律:其一,建筑物为刚性材料者极易产生变形和破坏,柔性材料变形相对小;其二,与坝轴线平行的裂缝长而宽,出现的概率为统计数的 100%,垂直坝轴线的横向裂缝约占统计数的 35%;其三,建筑物顶部破坏比中、下部严重,并且自上而下变形量随高度递减;其四,地下工程破坏较轻;其五,按抗震设计做了工程处理的工程破坏程度较弱,如高边坡,未做工程处理者崩塌、滑移的较多。

## 第五节 防震抗震问题及经验

我国西南地区水资源丰富,具有较大的能源开发潜力。但是,西南地区河谷狭窄,具有河床覆盖层厚度大、两岸基岩裸露边坡高陡、地震基本烈度高的"一厚两高"特征。"5·12"汶川地震后,研究区水利水电工程受地震影响较为严重,揭示出高烈度区土(石)坝抗震设计值得研究的一些问题,也有值得总结的经验。

### 一、大坝防渗问题

土(石)坝的防渗在一般条件下,按防渗体的位置分,主要有心墙防渗和混凝土面板防渗;按防渗材料则可分为柔性材料和刚性材料、刚柔结合等。研究区水利水电工程以黏土心墙防渗为主,抗震破坏能力强,受震损的影响相对较轻。大型工程紫坪铺水电站采用钢筋混凝土面板防渗,在"5·12"地震过程中破坏较严重,震后处理也较复杂,难度较大,水上部分看得见部位设计方案可采用常规方法处理,而水下部分被破坏的位置、程度,在现有的勘察手段和方法情况下,其调查和处理的确有困难。

### 二、成功经验

"5·12"地震的检验表明,水利水电工程充分掌握并利用地形、地质条件,针对不同的岩体结构设计出符合客观实际的处理方案,避免了工程的破坏,这是非常难得的。

#### 1. 河床覆盖层利用

在 20 世纪 60—70 年代兴建的水利工程,坝基下多数保留有一定厚度的覆盖层,其物质主要为砂卵石和黏土,不存在地震液化问题,这在"5·12"汶川大地震中得到检验。这与土(石)坝的坝体柔性材料有机地结合成一体关系密切。在不产生液化的前提下,地震过程中上下振动、压缩变形、水平位移均受到坝体、库水压力和左右岸坡的约束,加之所处位置于最底部,因此,地震中受影响较弱,对坝体的整体稳定没有影响。这充分证明了利用河床沉积覆盖层是可行的。

**2. 地下工程抗震能力较高**

地下工程是水利水电工程的重要组成部分之一。此次地震,地下工程经受了超概率地震的检验,受损较轻。但是,地下工程运行过程中所受到的山体压力、水流的动水压力,加上地震过程中所受到的力的作用是十分复杂的,因此,泄水建筑物的抗震设计值得进一步深入研究。

**3. 边坡处理设计**

经过"5·12"地震后,工程建设及有关科研人员对工程区高边坡处理和未处理情况下表现出的明显差异产生了更大兴趣。很多高陡边坡,经实施工程处理后,在"5·12"地震中安然无恙。如距震中最近的紫坪铺大型水电工程,从现场观察的边坡岩体结构特征来看,岩石风化较弱,由于工程距发震断裂较近,地层褶皱较多,岩层产状变化较大,岩体十分破碎。但是,经人工加固处理后,在大震过程中只是表层喷护的混凝土被震裂或破损。没有发现产生滑移和崩落的现象,而未处理者崩滑现象十分普遍。这给高烈度区边坡处理提供了很好的实例。

# 第六节 讨论与结论

大型水电水利工程抗震设计的原则是极限地震不溃坝,大地震修复可用,中强地震安全运行。"5·12"汶川8.0级地震后,高烈度区水利水电工程受到不同程度的影响,其主要建筑物破坏程度有较大的差异。经实地调查分析,发现其震损破坏与一般民用建筑物有不同的特征和规律。这为研究西南高烈度区水利水电工程大坝防渗、地下工程及边坡处理积累了一些成功的经验。

汶川地震后不久就进入雨季,水利水电工程受地震影响,很多坝体开裂。通过统计分析坝体上裂缝分布位置、裂缝规模、性状,对水利水电工程震损程度进行分类,调查坝基地质条件,分析裂缝除地震外的其他地质因素,收集库区集雨面积;提出震损严重的应急处置措施,确保水库下游居民和交通不受到威胁,安全、顺利度汛。

本实例是根据现场调查的水利水电工程大坝震损特征,经统计分析而绘出两种典型图,坝体横断面都是梯形,只是有心墙与无心墙(均质土坝),有防浪面板与无防浪面板在地震中的震损程度和特征不一样。第一种特征是迎水面有防浪面板的坝体变形,地震裂缝性质和平面分布受面板分缝线控制,两条分缝线之间的裂缝一般较短小,斜穿坝体的裂缝长大;另一种是迎水面没有防浪面板的均质土坝体变形特征,地震裂缝多呈弧形,平面分布靠近水边多,坝顶附近较少,裂缝长度一般3~5m,斜穿坝体的裂缝较少。三维图在反映主次上采用了不同的颜色和线型及阴影线,使图面层次清楚,主体突出。

(1)刚性材料较柔性材料破坏严重。并且破坏严重处都在结构分缝或结构薄弱部位(图15-3),如埋设排水管、起臂缆绳箱涵等部位,其变形量受建筑物周边环境的约束和控制。但对水利水电工程防渗体的选择来说,最理想的是用柔性材料为好。

(2)就土(石)坝而言,坝基下不产生液化的覆盖层,地震后虽有一定的压缩变形,但对工程的运行不起控制性作用,碾压后可作为坝体的一部分,这给西南深厚覆盖层的利用和抗震设计研究奠定了基础(图15-4)。

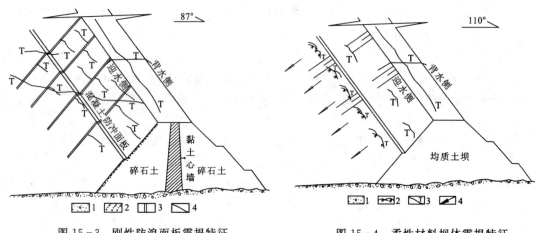

图 15-3　刚性防浪面板震损特征
1. 砂卵石层；2. 碎石反滤层；3. 混凝土面板分缝线；
4. 裂缝及代号

图 15-4　柔性材料坝体震损特征
1. 砂卵石层；2. 小型崩塌；3. 裂缝及代号；
4. 崩塌体运动方向

(3)地上工程较地下工程破坏严重。从调查的震损特征统计可知，水利水电工程地下建筑物基本没有塌陷和垮塌的现象，表明地下工程受周围条件的约束，在地震中，其变形量有限，较地表工程抗震能力强。

(4)工程破坏变形有自上而下逐渐减弱的趋势。水利水电工程有它自身的特殊性，坝身底宽上窄，具有很好的抗震性能，坝体上的裂缝平面上以纵向为主，横向次之。深度较浅，一般3m左右，表层的局部破坏不致影响大坝的整体稳定，经修复后仍可使用。

(5)经处理的边坡震损较轻，没有处理的边坡滑移和崩落的较多。这种现象在震区普遍存在，工程附近经处理的边坡受地震破坏滑移的较为罕见，表明经合理设计、实施处理后的高陡边坡具有较好的抗震性。

# 第十六章　实例5　抗震救灾
## ——大盈江堤防工程震损特征及应急处置方案探讨

## 第一节　研究目的与绘图说明

在抗震救灾野外调查时发现，沿大盈江防护堤多处出现长大裂缝，背水侧沿堤坡脚及耕地普遍有管涌现象，没有管涌地段裂缝形态及变形特征与有管涌地段不同，在研究处置方案时就要分别对待，其目的是处置要安全、经济、便于实施，绘制典型地段的大堤震损特征，为设计处理方案提供翔实的地质依据。

绘制三维图时，在表现形式上采用了近景和特写的方法。其一，防护大堤迎水侧有钢筋笼装块石防冲刷地段，裂缝主要以拉张弧形为主，并且分布在两条钢筋笼装块石栅格之间，在绘制图时突出弧形裂缝和钢筋笼装块石栅格的相互位置关系；其二，防护大堤坡脚管涌呈线状分布，管涌出露位置能表现出来，但管涌的特征受图的篇幅所限，只有用符号表示。于是将特写照片编辑一部分重要的地质说明，这是野外三维地质信息采集的最好佐证，也是地质工作者在抗震救灾工作中分析地震裂缝必须注意的问题之一，尤其是大江大河的堤防工程，在调查震损情况时测量管涌至大堤坡脚的距离，管涌直径、深度等；用照片就更真实地反映了防护大堤底下粉细砂分布范围广、埋深和厚度等特性，为设计合理、经济的处理方案提供可靠的依据。

## 第二节　地质环境与地震概况

### 一、区域地质环境

研究区位于云南西部大盈江一带，其地势为北西、南东高，中间为北东向展布的窄长盆地。其发震构造为近南北向苏典断裂、北东向大盈江断裂交汇部位，其中近南北向断裂中国境内发生过5次中强地震，最近的一次为2008年5.9级地震；大盈江断裂北东段发生过两次中强地震，最近一次为2011年盈江县城附近5.8级地震。

### 二、地震简介

2011年3月10日，云南西部大盈江县附近发生了5.8级地震，震中位于北纬24.7°，东经97.9°，震源深度约10km。地震灾害给当地人民生命财产造成了较为严重的损失，部分水利基础设施遭到不同程度的损坏，最为突出的是盈江县城附近大盈江堤防工程震损严重，现场鉴定其烈度达Ⅷ度。

## 第三节　堤基地质条件及主要工程地质问题

### 一、堤基地质条件

大盈江国内径流面积 5 476km²，多年平均流量 247m³/s，国内河段全长 204.5km，盈江县境内河段长 145.5km。位于盈江县城南侧，两岸修筑堤防 90.6km，堤高 3～5m，总体走向为北东方向，堤上设有多座灌溉闸。

出现裂缝地段，堤防走向与北东向活动断层呈小锐角相交；堤基地层多为第四系冲洪积层，盈江县城附近堤防工程段自上而下分为回填土、耕植土、淤泥质黏土、粉土、砂壤土、粉细砂、粗砂、粗砂夹卵砾石层，大部分护堤下部为就地取材堆积而成，其物质以粉细少为主；粉细砂厚度在 4m 以上，分布范围较广。枯水季节大盈江水位低于堤外坡脚高程 1m 左右，堤外地下水埋深浅，一般埋深 1m 左右；洪水季节大盈江水位则高于堤外坡脚高程 1～2m；防护堤内侧漫滩宽窄不一，一般 5～10m，河流转弯有水流地段漫滩较窄，局部地段冲刷至堤防工程的坡脚；左右岸防护堤内外侧植被茂密，主要为竹林。

### 二、主要工程地质问题

堤身底部一部分为河漫滩粉细砂，堤身中、上部及迎水侧和背水侧斜坡为后期加固碎石土，因此，存在堤基渗透变形和振动液化、不均匀变形等问题。特别是有一部分堤基为粉细砂和性状差的淤泥质黏土，厚度大，地震时给堤基液化、堤脚处管涌、堤身变形创造了条件。在洪水季节水位高于堤外坡脚时，沿坡脚管涌成片状分布，延伸到坡脚外 10～15m，"3·10" 地震时为枯水季节，大盈江水位低于堤外坡脚高程 1m 左右，管涌沿防护堤坡脚呈带状分布。

## 第四节　堤防工程震损特征与成因分析

### 一、堤防工程震损特征

云南盈江 "3·10" 地震，造成盈江县大盈江 38.4km 堤防震损，其中，大盈江左岸邦巴堤、勐展堤、岗勐堤、右岸大小沙堤、盏达河关纯堤等 19.2km 堤防出现裂缝，其中单条裂缝堤段长 10.5km，两条或多条裂缝堤段长 4.0km，且堤后涌沙堤段长达 4.7km。

现场调查发现，大盈江堤防震损裂缝长度、宽度之大，液化、管涌现象之突出，在中国中强地震史上实属少见。其主要特征有堤顶单条拉张裂缝，局部滑移弧形裂缝，多条平行斜列展布裂缝，纵横向 "X" 形剪切裂缝以及堤坡脚管涌 5 种情况：其一，堤顶中间部位单条拉张裂缝，距震中相对较远，分布在防护堤北东和南西，单条长度大于 30m，纵断面呈锯齿状，上宽下窄，最大宽度达 30cm，地表卵石错位保留完好，可测深大于 3m；其二，单条弧形裂缝，主要分布在防护堤的迎水侧堤坡边缘，有顺坡倾向的趋势，裂缝长度相对较短，一般在 15m 以内，张开宽度小于 5cm；其三，双缝或多条裂缝近平行展布，主要分布在防护堤顶面的中间部位，两条裂缝中间堤体呈楔体下沉,沉降量最大 28cm;其四,纵横裂缝呈大锐角相交,主要分布在堤高度小于 3m,两侧堤坡较缓部位,纵横裂缝张开宽度较小,一般在 5cm 以内,横向裂缝贯穿整个堤身,并错断纵向裂缝,形成"X"形裂缝;其五,沿防护堤背水侧坡脚涌沙,并呈带状分布,单个涌沙形成的沙坑直径 1~1.3m,管涌直径 6~8cm,大部分涌沙管口被粉细沙填塞,少数形成空洞。

## 二、成因分析

本次地震强度并不高,属中强地震,但大盈江堤防工程破坏严重,现场调查和观察发现,大盈江堤防工程破坏的成因除地震次数多,堤防工程距震中近,受地震影响外,各种裂缝的成因还与堤基及堤防工程的坡高、坡比、原堤基未清基及处理措施有关,在绘制三维分析图时,主要考虑了如下几点。

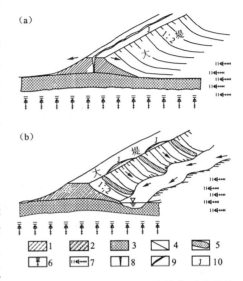

图 16-1 堤顶部中间和边缘单条弧形裂缝
1. 砂壤土;2. 粉质黏土;3. 粉细砂;4. 岩性界线;
5. 钢筋笼块石丁坝;6. 地震纵波;7. 地震横波;
8. 震陷裂缝;9. 拉张裂缝;10. 裂缝代号

(1)堤防工程顶部中间位置单条长大裂缝多为地震上下振动,堤体两侧临空,堤体在强大的顶托力作用下,堤身重力的惯性力超过了土的抗剪强度形成裂缝,其性质以拉张为主[图 16-1(a)],破坏性强。

(2)堤防工程顶部迎水侧边缘部位单条弧形裂缝,地震波上下振动和水平挤压,堤体迎水侧钢筋笼装石块"丁坝"之间回水掏蚀,在水流作用下,河床高程相对低,堤脚处粉质黏土夹砂卵石始终处于饱和状态,地震后在重力作用下,表层下滑形成弧形裂缝[图 16-1(b)],破坏性较强。

(3)堤防工程顶部中间位置多条长大裂缝,受地震波上下、左右振动,堤体两侧临空,底部粉细砂厚度大振动液化,加上堤身中间部位自重压力最大,因此,压缩变形量也大,形成的裂缝张开宽度相对小,堤身中间形成楔形下沉(图 16-2)。大盈江左岸堤防堤外坡脚处管涌现象严重(图 16-3),破坏性最强,也是本次地震对堤基破坏最典型的特征,其液化现象特别突出,这与本次地震前的小震频次高,堤基、堤背水侧粉细砂厚度大,分布面积广有关。地震时大盈江水位比堤防工程背水侧坡脚处高程低 1m 多,但涌砂堆积面积和管径如此之大,沿堤脚呈带状连续分布长度之长,充分证明了防护堤堤基及周缘粉细砂的存在,在地震时对堤防工程的稳定是很不利的。

(4)堤防工程顶部形成的纵向和横向裂缝,所处的位置在大盈江右岸,距震中最近。由于堤防工程两侧堤坡较缓,防护堤高度较小,地震上下振动和水平方向多次挤压,堤基下沉量和向堤身两侧变形受两侧宽缓的漫滩所限,使堤体形成"内"伤,导致地表裂缝纵横交错,呈"X"形分布在堤防工程顶部(图 16-4)。虽然表面裂缝规模不大,无论是张开宽度,还是长度都比前述裂缝小,但它的性状是最具破坏性的,造成堤防工程几乎是由几大块土体拼合在一起。整体结构被破坏,对堤防工程的稳定是极为不利的。

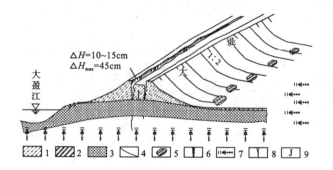

图 16-2　堤顶部中间形成多条纵向裂缝
1. 沙壤土；2. 粉质黏土；3. 粉细砂；4. 岩性界线；
5. 沙土液化管涌；6. 地震纵波；7. 地震横波；8. 震陷裂缝；
9. 裂缝代号

图 16-3　堤背水侧坡脚涌砂特征

## 第五节　应急处置方案

大盈江堤防工程在县城附近，是个很重要的生命线工程，虽然级别不高，但所处位置小地震发生频次高，中强地震也时有发生。本次地震对堤防工程破坏也很严重，加之每年的5月份为汛期，堤防工程稳定性计算要不要考虑地震？大家知道，堤防工程溃堤不是瞬时倾倒的，而是局部崩塌后逐渐崩溃，这就是"千里之堤，溃于蚁穴"的含义所在。所以，规范上稳定性计算时不考虑地震，并不等于地震对堤防的破坏也不考虑，这是两个性质

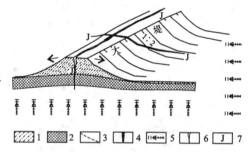

图 16-4　堤顶部形成的"X"形裂缝
1. 沙壤土；2. 粉质黏土；3. 粉细砂；4. 岩性界线；
5. 沙土液化；6. 地震纵波；7. 地震横波；8. 震陷裂缝；
9. 裂缝代号

截然不同的问题。前者是计算整体倾覆问题，后者则是震动对堤防工程整体结构破坏问题，属结构丧失整体性问题。基于堤防工程是生命线工程，结合当地客观实际情况，讨论确定大盈江堤防工程震损严重地段的度汛应急处理方案。

### 一、裂缝处理

前已述及，裂缝主要分布在堤防工程顶部中间、边缘部位，其形成除受地震振动外，还与堤基粉细砂的分布、厚度关系密切。因此，对于裂缝的处理，仍然是采取常规方法：张开的裂缝灌浆、抽槽、回填、夯实；但需要指出的是，所灌泥浆中水泥尽量少占比例，经验值水泥比黏土为 (1:7)～(1:8)。很多震例表明，地震对刚性材料破坏更为显著，而柔性材料有变形让位的空间，地震对其的破坏相对较轻；灌浆用不用压力，压力值取多大合适，到目前为止还不能统一标准，因为堤防工程地震裂缝的部位、特征不同，压力大了容易产生抬动，小了灌不到位，所以，根据三峡等工程的灌浆经验，只考虑离地面2m以下加压灌浆，其压力值不超过0.2MPa为宜。

## 二、管涌处理

管涌在本次地震时是较为普遍的现象,尤其是堤防工程背水侧堤脚部位更为突出。按照大盈江的水位和背水侧地面高程计算,江水位比背水侧堤脚地面高程低 1m 多,而在地震时管涌沿堤脚呈带状分布,且涌砂量大,并有涌砂掏空的现象,对堤防工程的稳定极为不利,如何处理合适是讨论的重点。规范中对于四级堤防工程没有规定要进行抗震设计,但在地震过程中,地震液化对堤防工程的破坏是很严重的,是必须考虑的问题。

按常规处理采用振冲、振动加密、砂桩挤实、强夯、防渗等,但大盈江堤防工程为四级,堤高在 5m 以下,堤内外水头小,堤基易液化,物质厚度大,在很短的时间内要全部清除是不可能实现的;做悬挂式防渗墙工期也不够,所以,应急方案就结合绿化,在背水侧堤脚管涌严重段铺盖碎石土,一方面增大堤身体积、渗水路径,另一方面放缓了堤坡,增强了抗震能力,其铺盖长度范围为有管涌地段的长度,宽度以盖住涌砂直径大于 0.3m 的地段,其铺盖厚度约为堤高的 2/5。

## 三、其他处理措施

盈江县城附近的大盈江堤防工程,是关系到人民生命财产安全的重要工程,尤其是汛期即将来临。在堤防稳定性计算中,按地震设防时,重力式护岸主动土压力库仑公式中有地震角(或地震系数),其余的计算均未考虑地震参数,因此,在应急处理方案设计时,要考虑堤防工程震损导致整体结构被破坏和整体稳定性、挡水能力大大减弱,甚至失去了挡水能力的实际情况,以便提出符合客观实际的处置方案。

堤防工程处在两条活动断层交汇处,地震多,堤基地震液化物质厚度大。为确保堤防工程的稳定和安全运行,对于局部迎水侧漫滩较窄处,采用抛块石护坡或串石护坡,以防洪水掏蚀溃堤;另外,大盈江河床宽度大,河谷平缓,过水面积大,水流拐弯多,应顺其自然,不应过多地采用钢筋笼装块石做丁坝改变水流方向;重点部位严禁采砂,加大堤防工程安全运行管理力度,让堤防工程真正成为安全运行的生命线工程。

# 第六节 结论与建议

根据几次地震对水利设施破坏的程度和方案编制经验,针对大盈江堤防工程的震损特征与成因提出几点认识供同行们讨论,以达到抛砖引玉之目的。

(1)大盈江堤防工程地震裂缝特征是分布在大堤的顶部中间部位,直接灌浆质量难以保证,效果不好,采用抽槽的方法,将裂缝两侧振动松散部位的土挖除,填筑具有防渗性能的黏土,并夯实,对局部残留的张开裂缝和短小裂缝发育部位施以灌浆处理。

(2)大盈江堤防堤基粉细砂厚度大,分布广,是采用防渗墙防渗还是水平铺盖增大渗径,没有先例。根据大盈江堤防的地质条件和堤防工程周缘自然环境分析认为,采用平铺压重较为合适,一方面施工快捷,对度汛有利;另一方面质量易于控制。

(3)盈江县城周边火山喷出岩较多,但是,比重较小,抛块石护坡易被流水冲走,堤坡难以定型。建议对堤防工程临水近、水流急,已明显冲刷的不利堤坡稳定地段,除抛钢筋笼装块石护堤脚外,采用钢筋串石护坡,确保堤坡稳定。

(4)大盈江河床宽度大,水流拐弯多,应顺其自然。建议不应过多地采用钢筋笼装块石做成丁坝改变水流方向,并将已有丁坝之间因回水掏蚀、堤脚低于主河道的部位抛石土培厚护脚。

# 第十七章 实例6 三峡基岩深槽形成机理研究

## 第一节 研究目的与绘图说明

三峡工程左导墙尾端基岩深槽段,位于长江牯牛石基岩深槽的顶端,施工开挖揭露了基岩深槽表面的冲蚀形态,为研究岩体冲蚀特性及形成机理提供了有力的佐证。利用三维地质模型图,根据施工地质编录资料,对河床基岩的冲蚀特征及形成发展阶段予以分析和研究,为工程优化设计提供依据。

本例基岩深槽形成有4个阶段。在作图过程中,底图为一张铅笔绘制的模型图,在分析作图时,勘测行业计算机还未普及,当时是在一张A4的白纸上绘制了,然后将图复印3张作为底图,用刀片刮去不要的线条,分别绘出不同阶段的深槽形态。在表现形式上主要采用疏密不同的线条,表现出水力作用在不同的时期,形成的形态各异,形象地反映了花岗岩受水力冲刷后所形成的深槽与构造关系密切。现在用计算机绘图用深浅颜色来表达上述特征就更方便了,在此不再赘述。

## 第二节 牯牛石深槽顶端地质条件

长江河床牯牛石基岩深槽顶端($X$:20300—20330,$Y$:48700—48730)总体上呈一勺状,从上游至下游逐渐变宽。自顺水流向130°到$X$坐标20328处急转弯为200°左右,倾向下游,深槽在高程-5m时,宽16m左右,高程-10m时,宽为8m左右,左侧受$f_{121}$控制,呈陡坎状(断层壁);右边呈舒缓波状与右侧岸坡相连。右侧岸坡坡面在不同的高程上为多层次冲刷沟、槽、坑。

该部位展布在$f_{362}$和$f_{121}$之间(图17-1),深槽段的基岩为微新闪云斜长花岗岩体,而周围的基岩在开挖前均为弱风化带下部岩体。开挖揭露$f_{121}$走向350°。上盘(上游)岩体破碎,构造岩宽度大,胶结较差。主断面及下盘构造岩窄,仅20余厘米,断面平直、倾角陡,被$f_{362}$错断。$f_{362}$构造岩以瓦灰色角砾岩为主,胶结差,构造带内有0.3~0.5m的方解石晶体,局部形成0.15~0.25m的晶洞,地下水活动十分活跃。裂隙以北西西及北北东向中陡倾角为主,并发育有少量走向近东西向的缓倾角裂隙。

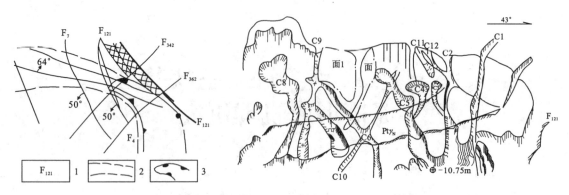

图 17-1  三峡工程左导墙河床段断层纲要图　　图 17-2  基岩深槽地貌形态特征平面素描图
1.断层及编号;2.河床轮廓线;3 基岩深槽

# 第三节  基岩面冲蚀形态

## 一、冲蚀形态的几何特征

深槽底板基岩面光滑起伏不平,由不同方向的冲沟、槽组合,呈不连续的网状分布(图 17-2),走向以北东东、北西或北北东向为主。多呈香肠状延伸。同一走向的冲刷槽、冲刷沟冲蚀深度基本相同,单个冲槽一般长 8～12m,横断面呈"U"形,冲蚀宽度 0.3～1.2m,深 0.1～0.7m。冲沟断面呈"V"形,长 4～9m,冲蚀宽 0.1～0.3m,深 0.1～0.2m。

单个冲坑的几何形态各异,有椭圆形、敞开壶形。冲坑一般 0.5～0.8m,最大者坑口有 2.2m(表 17-1)。

## 二、影响冲蚀形态的因素分析

### 1. 结构面组合因素的作用

根据该部位基岩深槽表面的冲蚀形态和残留的构造痕迹分析研究认为,陡倾角结构面在平面、纵深方向的展布和切割对基岩冲蚀起着"楔劈"、"蚕食"、"瓦解"的作用。

走向近东西向的张扭性断层,在两断层首尾相连之间形成次生裂隙,将岩体切割成薄片状,抗冲刷能力低,在水流冲刷后平面上形成纺锤形坑槽、香肠状的冲蚀地貌。

在裂隙相交处,结构面互相切错,抗冲能力最弱,在相同的水力条件下,结构面相交处容易被冲刷,为冲刷打开突破点提供了几何空间,对基岩深槽的形成起着"楔劈"和"蚕食"的作用(图 17-3)。

基岩表面岩体起伏不平的特征表明,结构面产状组合不同,冲蚀后的形态各异。结构面倾向相反,在剖面上形成上小下大的梯形、三角形(图 17-4 中 a、b)或倒梯形、倒三角形的块体(图 17-4 中 c、d),对基岩深槽形成起"瓦解"作用。

表 17-1 基岩深槽各冲刷沟(槽)、坑成因及特征表

| 序号 | 几何形态 | 规模 | | | 成 因 概 述 |
|---|---|---|---|---|---|
| | | 长(m) | 宽(m) | 深(m) | |
| C1 | "U"字形冲刷沟 | 12 | 0.2～0.4 | 0.15～0.4 | 追踪北西向断层$F_{277}$形成,产状:55°∠84°,起伏延伸 |
| C2 | "U"字形冲刷槽 | 10 | 0.5～0.75 | 0.2～0.5 | 沿走向330°的裂隙形成,波状延伸 |
| C3 | 敞开壶形 | 0.8 | 0.6 | 0.5 | 无构造迹象,为"水滴石穿"所致,向下游与C2相交渐变浅 |
| C4 | 椭圆形 | 2.2 | 0.8 | 0.7 | 无构造迹象,"水滴石穿"所致,向下游与C5相交渐变浅 |
| C5 | 香肠状 | 9 | 0.5～1.7 | 0.1～0.7 | 沿两条走向310°裂隙冲刷而成,在3条裂隙交汇处形成深坑,坑径1m×1.7m,深0.7m,坑底光滑 |
| C6 | "U"字形冲刷槽 | 10 | 0.3～1.2 | 0.5～1.7 | 追踪走向312°裂隙形成宽窄不一的冲刷槽,在与C10交汇处深1.1m,槽底光滑 |
| C7 | "U"字形冲刷槽 | 6 | 0.5～0.7 | 0.12～0.5 | 追踪走向73°裂隙形成,与C9相交时较浅,深只有0.2m,槽底光滑 |
| C8 | 坑形和"U"字形冲刷槽 | 10 | 2.1～2.6 | 0.5～1.7 | 追踪两条走向73°裂隙形成,槽底光滑,坑底凹凸不平 |
| C9 | 浅"U"字形冲刷槽 | 13 | 0.2～0.25 | 0.05～0.12 | 追踪花岗岩脉($\gamma_7$)形成,岩脉两侧有30cm左右的围岩冲刷形成凸埂,与岩脉冲刷形成的沟槽呈一浅"U"字形 |
| C10 | 窄"U"字形冲刷槽 | 12 | 0.2～0.5 | 0.4～1.1 | 沿近南北向裂隙形成,与C6相交处深1.1m |
| C11 | 窄"V"字形冲刷沟 | 4 | 0.12～0.3 | 0.15～0.2 | 追踪近东西向断层形成,沟底部起伏不平 |
| C12 | 窄"V"字形冲刷沟 | 9 | 0.15～0.3 | 0.10～0.2 | 追踪近东西向断层形成,沟底部起伏不平 |

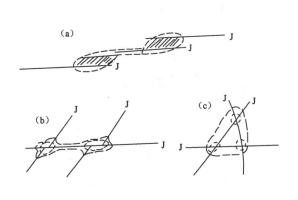

图 17-3 结构面平面展布示意图

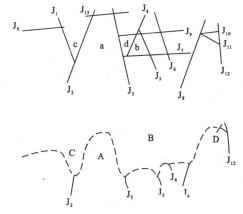

图 17-4 结构面纵向切割冲刷特征示意图
$J_1$.结构面编号;A.残留岩体;B、C、D.冲刷坑槽

当上述各块体下面有缓倾角裂隙发育时,都容易被复杂的水力"拔"起或冲走,形成宽窄不均一的"U"形冲刷槽(图 17-4 中 B、C)。

当块体下面缓倾角裂隙不发育,仅有陡倾角裂隙切割的岩体,此时,上小下大的结构体有较深的"根"与岩体相连者,水力作用的力量远小于岩块自身的抗"拔"能力,冲刷后形成凸梁(包);上大下小的结构体,则受结构面的间距和倾角控制。间距小于1m,倾角大于45°时,易冲刷成沟槽。间距在1m以上,倾角在45°以下时,在水力作用下,较薄的岩块容易被水力"掀

走",形成宽缓的冲槽(图17-4中D)。

2. 水流条件

长江河谷在三峡坝区流向从130°急转弯变为90°,江面宽度上游宽400m,到坝区变窄为260m。左导墙附近,正处在瓶颈部位(图17-6),水流紊乱,由缓流变为急流和漩涡。开挖揭示:长江河谷底高程不是按一定的坡降而降低,而是呈梯坎状下降,其高差受地质构造、风化等地质条件控制,最高的陡坎高差8m,形成多级挑流"鼻梁",如左导墙河床纵剖面(图17-6)。因此,河流的急转弯、河谷的变窄,河床底部形态的特征,使水流这一流体动力,无论是在方向上还是在速度上都产生了巨大的变化。这种变化是河床冲蚀作用的外力条件。

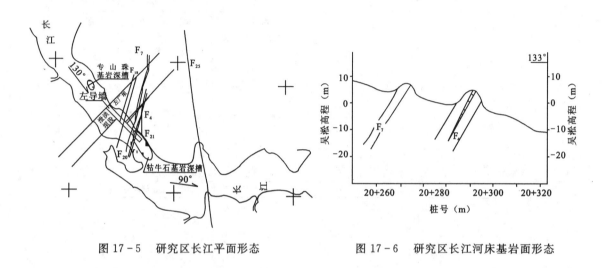

图17-5 研究区长江平面形态　　图17-6 研究区长江河床基岩面形态

## 第四节 冲蚀地貌的形成机理

根据河床基岩冲蚀沟槽几何形态,第四节分析研究认为,地质构造是冲蚀形成的内因,它使岩体完整性受到破坏,给水流冲刷提供了几何空间,致使岩石强度降低,失去联结力;水流条件则是外因,它使岩石(岩块)脱离母体,搬运移位,逐渐形成冲蚀地貌。其形成过程可分为4个阶段(图17-7),现分述如下。

1. 岩基劈裂解体阶段

多次构造运动形成了不同等级的结构面,在岩体内纵横展布,切割岩体,使完整的岩体受到破坏,并解体为相对较小的岩块。脉动水压力经裂隙中的水体传递到裂隙内,在裂隙的端部或交汇处造成拉伸或劈裂作用,使岩体完整性继续受到破坏[图17-7(a)]。

2. 结构面扩展阶段

水压力作用于岩体上,对结构面产生压缩、剪切、拉伸等反复交替的作用。由于结构面是岩体力学性质极薄弱环节,抗冲能力差,抗剪强度小,抗拉强度更小,更容易产生拉伸或剪切破坏,促使结构面扩展、串通、交汇,使原来互相之间存在联系的岩体被继续解体。在高速水流直接冲击下,岩体表面或凹凸不平处,形成强烈的冲蚀破坏,导致本来较窄的裂缝扩宽,形成冲刷

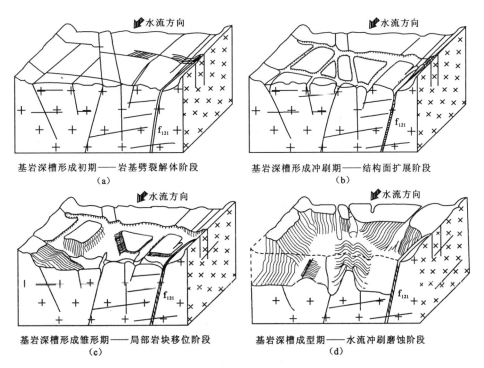

图 17-7 长江三峡基岩深槽形成过程模拟图

沟、槽[图 17-7(b)]。

3. 岩块移位阶段

解体后的岩块四周受到大小、方向不同、相位不同步的水压力作用,当表面瞬时压力大时,岩块下沉;底部瞬时压力大时,产生巨大的托力,岩块上浮;侧面瞬时压力大时,岩块向对面挤压或碰撞,这样,岩块在原位附近上下、左右晃动、碰撞、摩擦,使大的岩块被再次解体变小,小者撞击变成细小岩屑最先被水流带走,裂隙被磨损扩宽,裂隙内的水压力也随着增大。由于小岩块质量轻、惯性小,当某个瞬间小岩块受到向上方相当大的压力的合力时,就会从原位拔出,接着被水流携带冲走[图 17-7(c)]。

4. 冲刷磨蚀阶段

小岩块被拔走后,给其他暂时残留在原位的相对较大的岩块位移和直接受冲刷、磨蚀提供了更大的几何空间,水流压力更易作用,使岩块向上掀开或向临空方向滑移、倾倒而脱离母体,被水流冲走。如此反复循环上述作用,危及更大的岩块或特大岩块,冲蚀地貌逐渐形成、扩展直至最终成型[图 17-7(d)]。

# 第五节 结 论

通过上述研究认为,左导墙建基面段长江河床基岩深槽的冲蚀地貌形成是多种因素综合作用的结果,其中地质因素是内因,水力因素是外因。

构造破碎带及结构面的组合,缓倾角裂隙的发育程度对基岩深槽的形成和发展奠定了"楔劈"、"蚕食"、"瓦解"的物质基础。

其形成可分为 4 个阶段:①岩基劈裂解体阶段;②结构面冲刷扩展阶段;③岩块移位阶段;④基岩深槽形成阶段。

# 第十八章  实例7  三峡RCC围堰渗漏分析

## 第一节  研究目的与绘图说明

2003年5月下旬,三峡水库开始蓄水,6月11日水位达到135.92m。蓄水过程中,RCC(沥青碾压混凝土)围堰基础排水孔集中涌水部位,位于原中堡岛深风化槽尾端,其涌水量有随库水位增高而增大的趋势。笔者根据前期勘察、施工地质、排水孔电视录像解释等地质资料和排水孔流量观测资料,分析了基础排水孔集中涌水的原因,利用三维地质模型作为数理统计方法推测排水孔集中涌水的发展趋势的基础,得出了堰基稳定状态好的结论;提出了适用而行之有效的地基处理方案,达到了工程建设既经济又安全的目的。

基于前面的地质条件分析,平面和剖面图没有整体概念,于是,根据地质图的岩体风化、断层、裂隙、岩脉等结构面的展布,钻孔揭示渗水部位绘出渗水体的簸箕状形态。在地质信息取舍方面,主要突出了与渗水有关的簸箕状渗水岩体形态,并向上游倾斜,岩脉和断层、渗水路径。在表现形式上,仍然以概化为主,簸箕状形态用浅色分块充填,留出空白突显渗水路径、加上大小不同的箭头表示渗水的主要路径和次要路径;针对廊道内桩号标注不易保留全部用排水孔孔号叙述,因此,在绘三维图时,排水孔按比例绘出并标上编号,以便于对应分析和设计、施工人员勾通。

## 第二节  引  言

三期RCC围堰是三峡工程的重要临时挡水建筑物,它的安全与否直接影响三期主体工程的施工和挡水发电、通航、防汛。三峡水库2003年5月下旬开始蓄水,6月11日水位达到135.92m。蓄水过程中,RCC围堰基础排水孔排水量随水位升高而增大,且集中分布在第11堰块内,流量由蓄水前的116.46 L/min增加到363.79L/min。为了分析集中涌水对堰基的稳定性有无影响,三峡勘测研究院不定期对基础排水量进行观测和水质分析,利用排水孔内电视录像查明了渗水点的位置、结构面的性状、岩体风化特征等。

研究表明:地质条件是基础,地基处理是关键。排水量与三峡水库蓄水关系密切。发现排水孔集中涌水有随库水位增高而增大的趋势后,及时在第11堰块弱风化带上部岩体部位,增加了一排化学灌浆帷幕。之后,排水孔涌水量大幅度减小,保证了围堰的正常运行和下游基坑开挖。

## 第三节 工程概况

RCC围堰为重力式坝型,属Ⅰ级临时建筑物,平行于大坝布置,轴线距大坝轴线上游144m,右侧同白岩尖山坡相接,左侧与混凝土纵向围堰堰内段相连,全长580m,分为15个堰块,堰顶高程140m,顶宽8m,最大堰底宽107m,最大堰高115m,分两期施工。其中第1块至第6块位于长江右岸白岩尖山体顺江斜坡中、下部一带;第1块至第5块一期施工至高程140m;第7块至第15块位于长江右侧的后河段,一期施工至高程50~58m;第6块至第15块二期施工至高程140m。其作用是与三峡大坝、下游围堰、纵向围堰共同拦水,保证三期主体工程的施工安全和蓄水至高程135m,使三峡工程早日实现发电、通航、防汛的目标。

## 第四节 地基处理

围堰基础采用单排帷幕灌浆防渗,固结灌浆作辅助帷幕。幕后设置一排基础排水孔,间距3m,分布在高程40~55m的廊道内。其中河床段进行常态三级配混凝土固结灌浆,固结灌浆深入基岩8m,灌浆孔间、排距3m。灌浆结束标准为透水率$q \leqslant 5Lu$。浆液注入率不大于0.4L/min时,继续灌注30min,其中第10、第11堰块未作固结灌浆处理。帷幕灌浆一般深入基岩10~30m,灌浆孔间距3m,按分序加密、自上而下分段钻灌原则三序施工。质量检查标准为基岩透水率$q \leqslant 1Lu$。

蓄水过程中,基础排水孔排水量随水位升高而增大。堰基经过了5年多导流明渠过水的冲刷,未作固结灌浆处理的第11堰块,堰基排水孔集中涌水量较大,引起了业主、设计、监理的注意和重视。为此,根据涌水量大部位的地质条件,增加了一排化学灌浆帷幕,灌浆深度穿过弱风化带上部岩体。"化灌"施工过程中,涌水量逐渐减少。施工完后,涌水量接近蓄水前的排水量,为后期提高水位消除了后顾之忧。

## 第五节 涌水原因分析

三期RCC围堰第11堰块位于后河深风化槽尾部,长度43m,共设15个排水孔,排水孔涌水量最大,占整个三期RCC围堰基础排水量的48%。综合分析其涌水原因有三:即地质原因、冲刷和水库蓄水。

### 一、地质原因

1. 结构面

第11堰块的北东侧,穿插在闪云斜长花岗岩($Pt\gamma_N$)中的花岗岩脉($\gamma$),宽度大,延伸长(图18-1)。上游穿过堰基,延伸至三峡水库内,下游延伸到三期主体工程坝基内。脉体中短小裂隙非常发育,岩体十分破碎,与围岩呈断层和裂隙接触,具有良好的透水性。

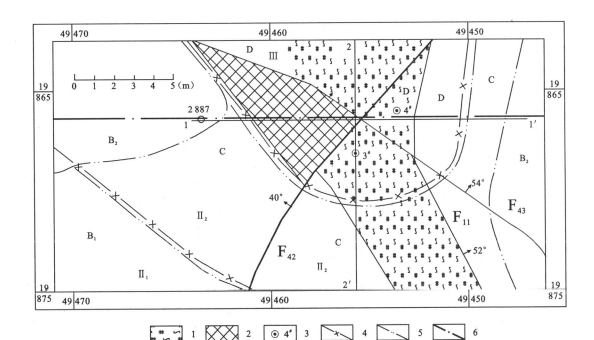

图 18-1 RCC围堰第10～11块强风化岩体平面分布图
1. 碎裂岩；2. 碎裂××岩；3. 声波孔及编号；4. 风化界线；5. 岩体质量分界线；6. 建筑物轮廓线

平面上分布有 $f_{30}$、$f_{28}$、$f_{26}$、$f_{43}$、$f_{45}$、$F_{11}$ 断层，其中 $f_{28}$、$F_{11}$ 两断层规模较大，延伸较长。$F_{11}$ 断层向北西延伸至水库内，向南东穿过第11堰块延伸到坝基内，倾向北东，倾角68°，主断带构造岩胶结较差；$f_{28}$ 断层向北西经过第11堰块延伸至库内，向南东穿过围堰轴线延伸到第12堰块上，倾向北西，倾角58°，主断带构造岩胶结差。两断层均具有较好的透水性。剖面上 $f_{30}$、$f_{28}$ 和 $f_{26}$、$f_{43}$、$f_{45}$、$F_{11}$ 倾向相反，互相切割，呈"V"字形（图18-1、图18-2），轴线附近及上游堰基长大裂隙走向以北北西和北北东为主，均与围堰轴线斜交，最小间距0.2～0.3m。开挖卸荷、爆破裂隙发育，具网状格架，是较好的渗水通道。

2. 深风化槽

补充勘察资料表明，上游岩体风化深度较围堰下游风化深，以弱风化带上部岩体为主。施工地质编录资料记录该部位岩石风化较强烈，特别是围堰轴线附近，第10～11堰块上游侧 $F_{11}$ 与 $f_{42}$ 交汇部位的强风化岩体在堰基下分布面积为35m²。根据声波测试资料，强风化岩体厚度一般0.5～0.8m，为疏松状碎屑夹半坚硬状，半坚硬状岩块块径一般0.03～0.06m，约占20%～30%，声波值为1 724～2 041m/s(0.8m深度)。北东侧以 $f_{28}$ 断层为界，南西侧以 $F_{11}$ 断层为界，上游宽15m左右，轴线下游18m处宽为32m，呈上宽下窄的撮箕状（图18-3）。其风化槽倾向上游，并通向库内，岩石以半坚硬为主，夹有少量半疏松岩石，具有良好的透水性。$f_{28}$ 断层北东侧和 $F_{11}$ 断层南西侧为弱风化带下部岩体，以坚硬岩石为主；孔内彩色电视录像显示：岩体内有追踪裂隙风化的半坚硬岩石，其规模较小，分布无规律，透水性不均一，渗水点多数出露在风化夹层上，但没有发现有岩石崩解和裂隙扩宽的迹象。

据统计，RCC围堰交通洞至纵向围堰廊道共设有178个排水孔。在三峡水库坝前水位为

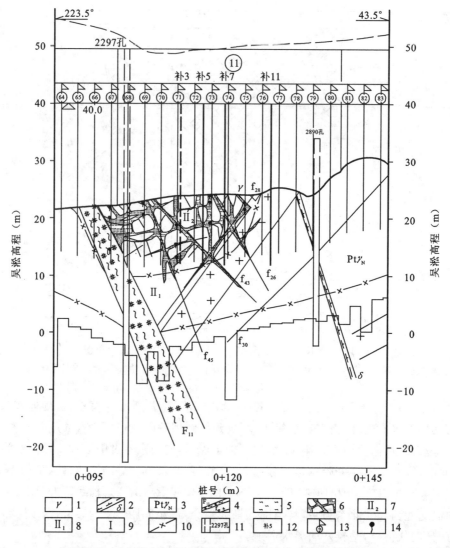

图 18-2 第 10~11 堰块风化模式及渗水点概化剖面图
1. 细粒花岗岩体;2. 闪长岩;3. 闪云斜长花岗岩;4. 断层及编号;5. 碎裂岩;
6. 半疏松—半坚硬岩石;7. 弱风化带上部;8. 弱风化带下部;9. 微风化带;
10. 风化界线;11. 勘探孔及编号;12. 化学灌浆孔;13. 排水孔及编号;14. 孔内录像渗水点

77.8m 时,排水量在平面分布上具有原河槽中间第 11 堰块涌水量最大,河槽左、右堰块内涌水量都较小的特点。大于 5L/min 的排水孔共有 14 个,第 11 堰块有 7 个孔,占大于 5L/min 排水孔的 50%,其余零星分布在交通洞、第 8、第 9 堰块和纵向围堰内。大于 10L/min 的排水孔 7 个,都分布在第 11 堰块内,具有成片分布、互相串通的特征。平均单孔排水量 11.97L/min;其余堰块单孔排水量平均较小,一般在 1~2L/min。

排水孔涌水量与岩体的透水率大小分布有一定的对应关系,无论是三峡水库蓄水前,还是蓄水后,透水率大的地段涌水量也大。蓄水前交通洞至第 15 堰块,大于 5L/min 的排水孔有 13 个,分布在透水率较大地段的有 9 个,占 69.2%。蓄水后交通洞至第 15 堰块大于 10L/min

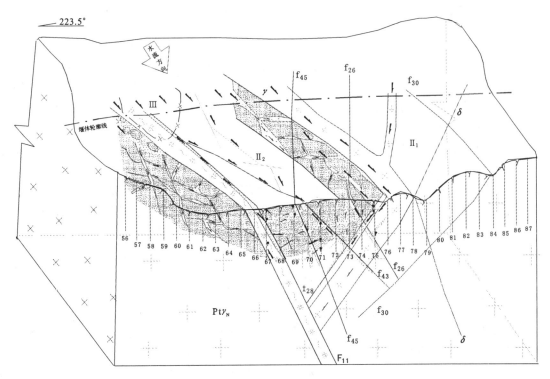

图18-3 第10~11堰块深风化槽及渗流场概化立视图

1. 花岗岩脉；2. 闪长岩脉；3. 闪云斜长花岗岩脉；4. 宽度小于1m的断层及编号；5. 宽度大于1m的断层及编号；6. 碎裂岩；7. 强风化带；8. 弱风化带上部半坚硬—坚硬岩石；9. 块球体；10. 半疏松—半坚硬岩石；11. 排水孔及编号；12. 电视录像显示孔内渗水点；13. 主要渗水路径；14. 次要渗水路径

的排水孔有16个，分布在透水率较大地段的有11个，占68.8%。

## 二、冲刷原因

三期RCC围堰堰基自1997年11月大江截流后，经过了5个水文年的冲刷，并经受了1998年特大洪水的检验。

现场观察发现：弱风化带上部半坚硬夹少量半疏松岩石，受冲刷影响明显，在导流明渠底板上留下了大小、深浅不一的凹坑，其形态多数呈漏斗状，表面直径一般1.0~1.5m，最大者2.5m；深浅与炮孔的深浅有关，一般深度0.3~0.5m，最深1.2m。弱风化带下部岩体中，以坚硬岩石为主，受冲刷影响较明显，在导流明渠底板上留下了宽窄、深浅不一的沟和槽。沟、槽的横剖面形状多数呈"V"字形，其宽度与结构面的组合、密度、性状有关，表面宽度一般0.1~0.3m，最宽者0.5m；其深浅与结构面的倾角和性状有关，一般深度0.2~0.4m。

堰基弱风化带上部半坚硬夹少量半疏松岩石，伏于混凝土之下，开挖卸荷、爆破震动的松散岩屑被水流冲刷掏蚀，加之混凝土收缩，在基岩与混凝土接触部位形成一个起伏不平的渗水层，孔下电视录像显示：渗水点多数在基岩与混凝土接触部位，且渗水量较其他部位大得多。

## 三、蓄水原因

### 1. 堰基涌水特征

RCC 围堰交通洞至纵向围堰廊道共设有 178 个排水孔,在三峡水库坝前水位为 77.8m 时,排水量在平面上分布为原河槽中间涌水量大,河槽左、右堰块内涌水量都较小。其堰基排水孔涌水有如下特征:①涌水量大的部位主要分布第 11 堰块的弱风化带上部岩体内;②出水点大的部位主要分布在基岩面以下 1.5m 厚的岩体内,或者基岩与混凝土接触层面一带;③三峡水库蓄水前后,岩体透水率大的地段涌水量也大。

### 2. 涌水量与水位的关系

经对所有资料分别统计和分析,结果表明,蓄水后排水量较蓄水前增加较大(图 18-4),无论是总排水量还是各堰块的排水量,均与水库水位上升有明显的关系,即排水量随水位上升而增大(图 18-5),其中第 11 堰块单孔平均涌水增量最大,增长 13.15L/孔。

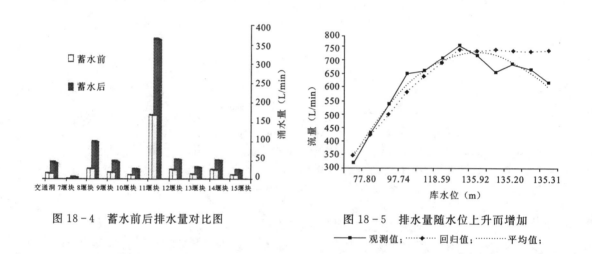

图 18-4 蓄水前后排水量对比图　　图 18-5 排水量随水位上升而增加
　　　　　　　　　　　　　　　　　──■── 观测值;┅┅◆┅┅ 回归值;┈┈┈ 平均值;

根据观测资料,用数理统计的方法,得到交通洞至第 15 号堰块涌水量与库水位的回归方程:

$$y = 2000.2\ e^{-135.88/x}$$

式中,$y$ 为涌水量(L/min);$x$ 为三峡水库水位(m);$e$ 为常数。

由上式推算结果见表 18-1,其结果是:2003 年 5 月 20 日至 6 月 11 日,涌水量与库水位呈线性关系。

2003 年 6 月 14 日至 7 月 4 日,库水位稳定在 135m 时,实际观测值都比理论计算值小。由此可见,堰基的涌水量已随水位的稳定而趋于稳定状态,并有下降的趋势。随着库底淤积增加,形成天然的防渗铺盖,堵塞了一部分渗漏通道,涌水量随库水位增加到一定程度后趋于稳定。说明蓄水到 135.92m 时,涌水量已达到极限值,集中涌水对堰基没有产生破坏作用。

表 18-1 排水孔涌水量观测值与理论值对比表

| 序号 | 观测时间 | 库水位(m) | 观测值(L/min) | 理论值(L/min) | 差值(L/min) |
|---|---|---|---|---|---|
| 1 | 2003年5月20日 | 77.80 | 332.92 | 348.79 | −15.87 |
| 2 | 2003年5月27日 | 87.47 | 431.45 | 423.08 | 8.37 |
| 3 | 2003年5月30日 | 97.74 | 539.55 | 498.09 | 41.46 |
| 4 | 2003年6月2日 | 110.06 | 646.73 | 581.96 | 64.77 |
| 5 | 2003年6月5日 | 118.59 | 654.04 | 636.00 | 18.04 |
| 6 | 2003年6月8日 | 127.13 | 705.63 | 686.89 | 18.74 |
| 7 | 2003年6月11日 | 135.92 | 753.95 | 736.05 | 17.90 |
| 8 | 2003年6月14日 | 135.08 | 716.10 | 731.49 | −15.39 |
| 9 | 2003年6月17日 | 135.20 | 653.89 | 732.14 | −78.25 |
| 10 | 2003年6月24日 | 135.19 | 684.76 | 732.09 | −47.33 |
| 11 | 2003年7月4日 | 135.31 | 663.59 | 732.74 | −69.15 |

注：差值为观测值减理论值。

## 第六节 渗水处理方案分析

### 一、设计依据

根据各阶段地质资料和蓄水阶段的排水量观测资料分析，建基岩体的相对隔水岩体（层）（$\omega$ 值小于 0.01L/min·m·m）顶板高程起伏不平。其中，第 9-2 块～第 15 堰块为 15～28m，最高 39.12m，最低 1.71m，建基面至相对隔水岩体（层）之间的透水岩体（层）厚度一般 10～25m。钻孔与施工开挖揭露：断层、岩脉和受深风化影响的地带，岩体脉状透水明显，建基面在 $F_{11}$ 穿过地段，裂隙较发育，透水性较强，地下水主要是沿北东—北东东向裂隙（或断层）及北西向裂隙（或断层）渗流。

堰基下主要为微透水岩体，但仍有部分为中等透水岩体和较严重透水岩体，已进行帷幕防渗和排水，防渗帷幕深度进入相对隔水岩体（层）5～10m（图 18-6）。

### 二、设计方案

在处理工程渗漏问题过程中，设计处理渗漏时，首先要掌握所处理部位的地质情况和基础处理资料，分析所处理部位的岩体可灌性和结构面发育特征，然后用以下公式计算出顶角的度数：

$$\tan\beta = a/b$$

式中，$a$ 为理想中的帷幕宽度(m)，可通过灌浆试验取样分析获得，不同的地区，不同的地质条件，其理想中的帷幕宽度是不一样的；$b$ 为根据地质条件确定的帷幕深度(m)；$\beta$ 为钻孔与垂线的夹角（常称之为顶角），这个角度的设计很重要，是关系到施工是否顺利和处理效果的一个参数。该角度合适不但施工顺利，而且可以节省工期和减少投资。

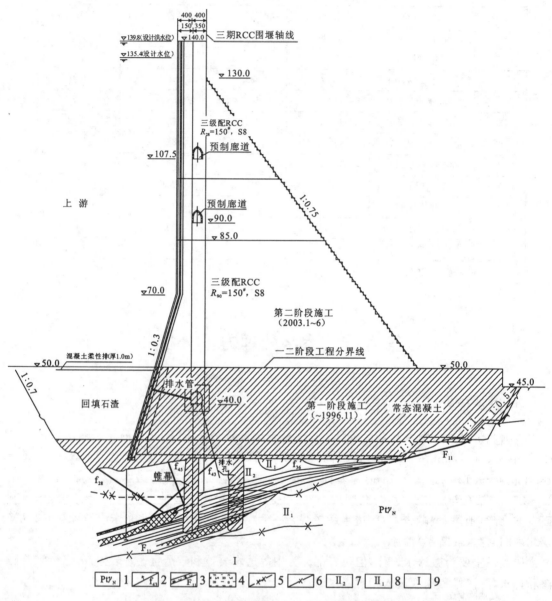

图 18-6 RCC 围堰桩号 0+110 处工程地质剖面图

1.闪云斜长花岗岩;2.宽度小于1m的断层及编号;3.宽度大于1m的断层及编号;4.碎裂岩;5.弱风化带上部下限;6.弱风化带下部下限;7.弱风化带上部;8.弱风化带下部;9.微风化带

由图 18-7 可以看出,RCC 围堰基岩中断层发育,岩石沿断层风化较明显;主帷幕深度未穿过断层,帷幕宽度在 2.5m 左右。当钻孔与垂线夹角为 5°、钻到 9m 深附近时,钻孔出露在理想的帷幕外侧。根据地质条件判断,此时钻孔孔口很可能出现涌水的情况。实践证明,顶角按 5°设计时,孔口涌水,无法实施化学灌浆;后来按 3°设计方案施工,钻孔顺利完成渗水量增大坝段的处理(图 18-8)。

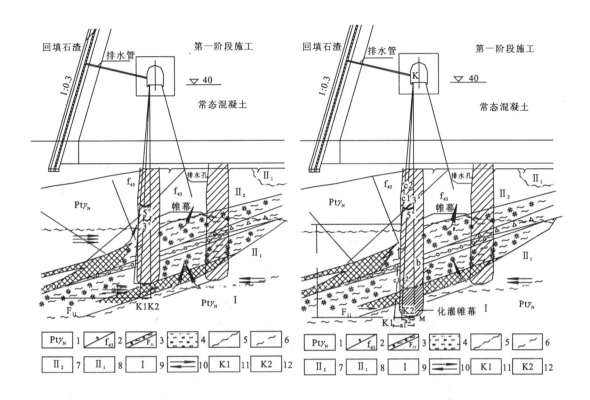

图 18-7 顶角为 5°时孔中出现涌水情况
1.闪云斜长花岗岩;2.宽度小于 1m 的断层及编号;
3.宽度大于 1m 的断层及编号;4.碎裂岩;5.弱风化带
上部下限;6.弱风化带下部下限;7.弱风化带上部;
8.弱风化带下部;9.微风化带;10.渗水路径;11.化灌方
案 1;12.化灌方案 2

图 18-8 顶角为 3°时灌浆顺利实施
1.闪云斜长花岗岩,2.宽度小于 1m 的断层及编号;
3.宽度大于 1m 的断层及编号;4.碎裂岩;5.弱风化带
上部下限;6.弱风化带下部下限;7.弱风化带上部;
8.弱风化带下部;9.微风化带;10.渗水路径;11.化灌方
案 1;12.化灌方案 2

经对第 11 堰块增加一排化学灌浆帷幕,在三峡水位仍为 135L/m 的情况下,廊道内排水孔集中涌水量明显减小,总体涌水量由原来 330L/min 降至 210L/min,处理前后相差 120L/min(图 18-9),从而有效地遏制了排水孔涌水对堰基的影响。

# 第七节 讨论与结论

(1)RCC 围堰在三峡水库蓄水后,排水孔涌水集中分布在第 11 堰块,主要原因是原中堡岛深风化槽尾端的断层、花岗岩脉相向切割,裂隙、风化夹层互相串通,在弱风化带上部岩体内未进行固结灌浆,构成渗水的网络;其次是岩体经过了 5 年多长江过水的冲刷,又受开挖卸荷和爆破震动影响,混凝土收缩,基岩与混凝土接触部位形成一个起伏不平、厚度不均一的渗水层。

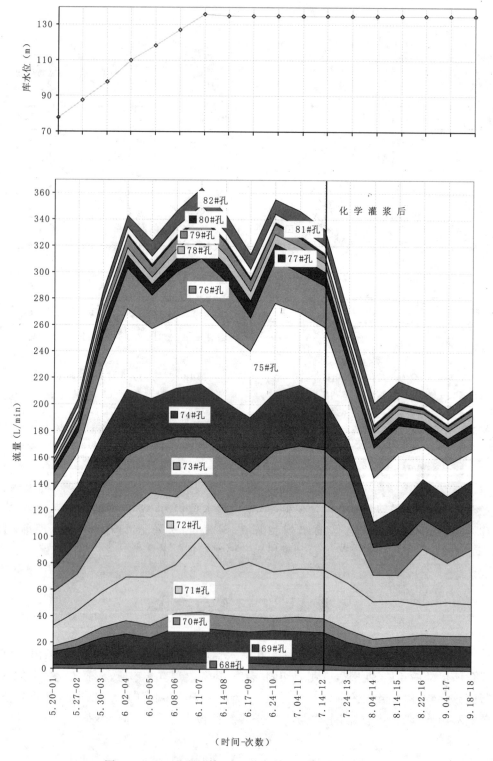

图 18-9 RCC 围堰第 11 堰块各排水孔排水量叠加图

(2)三峡水库蓄水后,水位抬高,库水压力随之增加,堰基渗流场的水经渗水通道涌向排水孔。库水位处于稳定状态后,库底淤积开始增加,逐渐形成天然的防渗铺盖,堵塞了一部分渗漏通道,涌水量随库水位增加到一定程度后趋于稳定。

(3)排水孔电视录像解释资料表明:孔内渗水点部位虽然岩体为弱风化带上部,岩石为半疏松至半坚硬状,但抗冲刷、抗压强度等性质相对较好,无渗透破坏迹象,水质分析也无异常现象,堰基稳定状态良好。

(4)针对具体的地质条件,采取相应的处理措施,在涌水量较大的第11堰块弱风化带上部岩体内,增加一排化学灌浆帷幕后,各排水孔中的涌水量迅速减小,最终涌水量接近蓄水前的排水量。

(5)地基处理应以地质资料为依据,针对复杂的地质条件进行特殊的处理。如:结晶岩各强、弱风化岩体的可灌性、结构面的性状、灌浆孔间距、倾斜角度等,在进行地基处理时,要重点考虑,以达到工程建设既安全又经济的目的。

# 第十九章 实例 8 岩土工程
## ——三峡大坝上游靠船墩地基条件与评价

## 第一节 研究目的与绘图说明

三峡水利枢纽升船机上游靠船墩采用桩基,各墩尺寸基本一致,只是各个基桩的深度差别大,因此,在评价时绘制了三维地质图,使覆盖层、基岩面、岩体风化一目了然,减少了冗长的文字描述,为设计提供了直观、明了、美观的地质图,也减少了作图的数量。一般一个墩子要作 4 条剖面,而用三维图只作一个图就达到设计要求了,其效果比单张剖面更好,实现了一墩一图的目的。

本实例工程地质条件和评价改变了传统的插一张平面和剖面图,而是一个靠船墩采用一幅三维图,较为全面地反映覆盖层的分布和厚度,揭示基岩面的起伏特征,4 根基桩所在位置的地质条件一目了然;划分各风化岩体的厚度,标注钻孔编号和物探资料,提醒设计和施工人员现场确认开挖揭示的实际地质情况,便于修改基桩持力层高程。表现方法简单明了,覆盖层用黄色,基岩全风化颜色适当加深,强风化则只充填花岗岩符号,使图面层次清楚,在提供的报告中,可在各风化带内标注有设计桩基所需要的力学参数,本书之所以删除掉,是因为不同的桩基,根据不同的要求,设计需要的力学参数不一样,为了消除误解,本书将其去掉了。

## 第二节 场地基本地质条件

### 一、地形地貌

长江三峡水利枢纽升船机上游靠船墩位于原刘家老屋南西侧,原地形为走向北西的宽缓山包。山包北东和南西两侧均为"U"形冲沟,其中北东侧冲沟走向北西,沟底高程 120～135m。南西侧冲沟走向北北西,地面由北至南东逐渐降低,沟底坡度较缓,一般 5°～10°。

施工开挖后,现为高程 130m 平台,宽 25～90m。平台北东侧为人工边坡,坡高 15m,坡角一般 28°～30°,边坡前缘为底宽 2m 左右的排水沟。南西为人工填筑边坡,高程 130～118m,坡角 28°～32°。

### 二、气候与水文地质

勘察区地处中亚热带—亚热带交汇带,具四季分明的气候特点,年平均气温 16.9℃,最高气温 43.9℃,最低气温 -8.9℃。年平均降雨量 1 213.6mm,最大年降雨量 1 803.9mm。

人工回填层和坡积层以孔隙水为主,基岩以孔隙—裂隙水为主。地下水主要由大气降水补给。填土层为风化砂夹块石,透水性较好,渗透系数 5~6m/d。三峡工程前期勘察资料表明:全风化带岩体渗透系数一般 0.08~2.9m/d,最大 6m/d。强风化带岩体渗透系数一般 1~4m/d,最大 11m/d。

### 三、岩性

1. 覆盖层

靠船墩部位覆盖层主要为人工回填层($Q^r$),分布范围较广,各个靠船墩部位均有厚度不等的人工回填层,厚度随地形变化而不同,一般 7~9m,最厚 12m。

钻孔和电测深揭露的覆盖层厚度见表 19-1。

**表 19-1　升船机靠船墩钻孔及电测深覆盖层厚度统计表**

| 建筑物名称 | 基桩编号 | 孔号及点号 | 覆盖层厚度(m) |
| --- | --- | --- | --- |
| 1号靠船墩 | Z1-3 | 4831 | 0.0 |
| | Z1-1 | 4832 | 2.5 |
| | Z1-4 | D1-1 | 2.5 |
| | Z1-2 | D1-2 | 2.3 |
| 2号靠船墩 | Z2-3 | 4833 | 0.0 |
| | Z2-1 | 4834 | 2.5 |
| | Z2-4 | D2-1 | 1.0 |
| | Z2-2 | D2-2 | 1.0 |
| 3号靠船墩 | Z3-3 | 4835 | 8.0 |
| | Z3-1 | 4836 | 7.4 |
| | Z3-4 | D3-1 | 5.1 |
| | Z3-2 | D3-2 | 10.4 |
| 4号靠船墩 | Z4-3 | 4837 | 9.0 |
| | Z4-1 | 4838 | 12.0 |
| | Z4-4 | D4-1 | 8.7 |
| | Z4-2 | D4-2 | 11.7 |

注:"D"开头为电测探点号。

人工回填层成分主要有风化砂和碎块石等,含少量杂质,属杂填土和素填土混合型。碎块石成分有闪长岩、闪云斜长花岗岩、花岗岩等,含量 5%~10%。块径一般 8~15cm,大者 60cm。

8个钻孔重(Ⅱ)型触探试验成果表明,表层触探试验一般大于 30击,1.0m 以下因填筑层内块石随机出现,导致触探试验中断。回填土的密实度在平面上、剖面上的分布均存在不均匀性。

表19-2 闪云斜长花岗岩风化分带及工程地质特征表

| 概化剖面示意图 | 风化分带 | | 风 化 特 征 | | 勘探技术特征 |
|---|---|---|---|---|---|
| | | | 宏观特征 | 矿物蚀变特征 | |
| | 全风化带 | IV | 褐黄色疏松状岩石，仅含少量半坚硬碎块或小球体 | 矿物均已失去光泽，除石英外，绝大部分矿物风化蚀变，产生了水化云母、绢云母、蒙脱石、蛭石等次生矿物及游离氧化物 | 钻探中岩芯多呈砂砾状，偶尔可取出碎块，抗钻中可采用人工或机械开挖，抗钻强度小于3.5m/min。硐（井）施工中必须全面支护 |
| | 强风化带 | III | 褐黄色带灰色疏松状碎屑夹半坚硬块坚硬球状体。前者已推动结晶联体，后者具弱至较强结晶晶联系，块球体大小在0.5～2.0m | 矿物光泽暗淡，大部分具不同程度蚀变，产生了以水化云母为主的次生矿物 | 钻探中可继续取出岩芯，获得率一般小于30%，硐探可采用机械及爆破开挖，抗钻强度不均一，硐（井）施工中局部需支护 |
| | 弱风化带 | 上 II₂ | 浅灰带褐黄色坚硬岩石夹半疏松状岩石。大部分已风化，表现为夹坚硬块球体。边缘风化严重，风化宽一般5～10cm，最宽可达1.0m，疏松物含量达10%～20% | 矿物光泽较弱，部分矿物蚀变，产生了以水化云母、绢云母等次生矿物 | 钻孔岩芯获得率一般为60%，局部小于30%，硐（井）施工中，采用机械反爆破开挖，硐（井）中岩体稳定性较好，局部块体不稳定 |
| | | 下 II₁ | 浅灰色坚硬岩石夹少量风化岩，沿部分裂隙风化，风化宽一般1～4cm，疏松物含量小于1% | 矿物光泽较强，少量矿物蚀变，产生了少量水化云母、绢云母等次生矿物 | 钻孔岩芯获得率达80%以上。硐（井）施工中采用爆破开挖，岩体稳定性较好 |
| | 微风化带 | I | 浅灰色，坚硬，完整。仅沿部分裂面产生皮状风化。风化岩体厚度多小于1.0m | 矿物颜色新鲜，光泽强，仅有少量绢云母产生 | 钻孔岩芯获得率90%～100%。硐（井）施工中岩体稳定性好 |
| | 新鲜岩体 | | 浅灰色，坚硬，完整岩石，沿结构面已没有风化现象 | 矿物极少产生蚀变 | 钻孔岩芯获得率95%～100%。硐（井）施工中岩体稳定性好 |

## 2. 基岩

基岩为前震旦纪闪云斜长花岗岩,穿插有花岗岩脉和伟晶岩脉,厚度0.2~1.5m,与围岩呈突变紧密接触。基岩顶面埋深0~12m,4号墩的南西侧埋深大于12m。

## 四、岩体风化

由于长期受风化营力作用,原岩的矿物成分、结构、构造部分或全部发生变化,在基岩表层形成风化壳。闪云斜长花岗岩自上而下分为4个带,即全风化带、强风化带、弱风化带和微风化带,各带特征见表19-2(薛果夫等,2008)。本工程只涉及全风化带和强风化带,其厚度见表19-3。

表19-3 三峡靠船墩钻孔及电测深风化厚度统计表

| 建筑物名称 | 基桩编号 | 孔号及电测深点号 | 基岩面高程(m) | 全风化带厚度(m) | 强风化带顶板高程(m) | 强风化带厚度(m) | 弱风化带顶板高程(m) |
|---|---|---|---|---|---|---|---|
| 1号靠船墩 | Z1-3 | 2831 | 128.04 | 13.4 | 114.64 | 7.62 | 107.02 |
| | Z1-1 | 2832 | 125.24 | 10.3 | 115.44 | 8.9 | 105.54 |
| | Z1-4 | D1-1 | 125.66 | 10.0 | 115.66 | 9.0 | 106.66 |
| | Z1-2 | D1-2 | 125.35 | 11.0 | 114.35 | 8.3 | 106.05 |
| 2号靠船墩 | Z2-3 | 2833 | 127.91 | 11.9 | 116.01 | 6.4 | 109.61 |
| | Z2-1 | 2834 | 124.41 | 9.2 | 115.21 | 9.45 | 105.76 |
| | Z2-4 | D2-1 | 128.12 | 12.4 | 115.72 | 10.1 | 105.62 |
| | Z2-2 | D2-2 | 125.86 | 11.1 | 114.76 | 9.8 | 104.96 |
| 3号靠船墩 | Z3-3 | 2835 | 119.96 | 4.2 | 105.76 | 4.8 | 110.96 |
| | Z3-1 | 2836 | 120.04 | 13.1 | 106.94 | 1.9 | 105.04 |
| | Z3-4 | D3-1 | 125.78 | 5.1 | 117.68 | 12.8 | 104.88 |
| | Z3-2 | D3-2 | 116.98 | 7.1 | 109.88 | 8.3 | 101.58 |
| 4号靠船墩 | Z4-3 | 2837 | 119.75 | 5.0 | 114.75 | 1.0 | 113.75 |
| | Z4-1 | 2838 | 115.30 | 1.1 | 114.28 | 6.4 | 107.88 |
| | Z4-4 | D4-1 | 119.45 | 2.8 | 116.65 | 7.6 | 109.05 |
| | Z4-2 | D4-2 | 115.66 | 2.3 | 113.36 | 6.2 | 107.06 |

注:"D"开头为电测探点号。

1. 全风化带

黄褐色,仅长石、石英、云母等矿物可辨认,岩质疏松。其厚度随地貌单元变化而厚薄不一,一般山包(梁)厚度大,冲沟厚度小。本区平均厚度为8.52m。

2. 强风化带

黄色带灰色疏松状碎屑夹半坚硬及坚硬块球体。前者已推动结晶联体,后者具弱至较强结晶联系,块球体大小在0.5~2.0m。

### 五、岩土(体)物理力学性质

三峡工程单项工程非常多,岩土(体)物理力学性质和物理力学指标变化不同的地段不一样,各类岩土(体)的力学指标建议值见文献(范晓,2008)。

## 第三节 主要工程地质问题

### 一、挖孔成型问题

升船机靠船墩基础,设计拟用挖孔桩基,挖孔深度一般都在20m以上。挖孔需穿过人工回填层及全强风化带,存在孔壁坍塌问题。

人工回填层中含有块石(表19-4),在穿过人工回填层时存在着上部由于汽车碾压结构密实、中部疏松、底部块石相对较多的问题,给挖孔成型增加了难度,需要对孔壁进行衬护,防止坍孔。强风化带中的块球体亦难挖孔通过,需爆破开挖,孔壁也须进行衬护。进入弱风化带上部岩体内,岩石为坚硬夹半坚硬和半疏松状岩石,挖孔时需爆破,爆破应特别注意控制炸药量。另外,施工时要做好施工用水及地表水、地下水的疏排工作。

表19-4 三峡大坝上游靠船墩地基人工回填层中块石分布部位统计表

| 建筑物名称 | 基桩编号 | 钻孔编号 | 分布孔深(m) | 分布高程(m) | 岩块性状简述 | 备注 |
|---|---|---|---|---|---|---|
| 1号靠船墩 | Z1-3 | 2831 | 无 | | 块石岩性为闪云斜长花岗岩,块径10~20cm,岩质坚硬 | 有少量红砖分布 |
| | Z1-1 | 2832 | 0~0.6 | 132.74~132.14 | | |
| 2号靠船墩 | Z2-3 | 2833 | 无 | | 块石岩性为闪云斜长花岗岩,块径大于20cm,岩质坚硬 | |
| | Z2-1 | 2834 | 1.6~1.8 | 130.31~130.11 | | |
| 3号靠船墩 | Z3-3 | 2835 | 0~1.5 | 132.96~131.46 | 块石岩性为闪云斜长花岗岩和脉岩,块径一般3~5cm,岩质坚硬 | |
| | Z3-1 | 2836 | 3.0~3.5 | 129.44~128.94 | 块石岩性为闪云斜长花岗岩,岩芯为柱状取出,长度20cm左右,岩质坚硬 | 有少量建筑垃圾,1.5m以下有少量碎石 |
| | | | 4.0~4.5 | 128.44~127.94 | | |
| 4号靠船墩 | Z4-3 | 2837 | 0.9~1.5 | 132.85~132.25 | 块石岩性为闪云斜长花岗岩,块径10~30cm,岩芯以短柱状取出,岩质坚硬 | |
| | Z4-1 | 2838 | 1.5~12 | 130.88~120.38 | 碎石较多,岩性为闪云斜长花岗,少量闪长岩,岩质坚硬 | |

## 二、持力层不均一性问题

按设计要求,桩端嵌入弱风化岩石 2m,持力层为弱风化带上部岩石。弱风化带上部为坚硬、半坚硬夹疏松状岩石,具不均一性,疏松状岩石(风化夹层)易产生压缩变形。因此,在确定桩端持力层时,必须进行施工地质验桩,保证持力层为较完整均一的岩体。当桩端遇破碎岩体、胶结差的断层带或疏松状碎屑夹层时,必须穿过它们,进入完整岩体 1~2 倍桩径。

# 第四节 各靠船墩地基工程地质条件及评价

## 一、1号靠船墩

升船机上游 1 号靠船墩原地形为一走向北西的山包(梁),地面高程 130~135m。现地面高程为 132~133m,地面略向南西倾斜,北东高,南西低,地面坡度 3°~5°,1 号靠船墩设计技术指标列于表 19-5。

表 19-5 1号靠船墩设计技术指标

| 项　　目 | | 设计值 | | | |
|---|---|---|---|---|---|
| 1号靠船墩基桩坐标（大坝系） | 基桩编号 | Z1-1 | Z1-2 | Z1-3 | Z1-4 |
| | X | 19817.959 | 19825.686 | 19828.757 | 19820.029 |
| | Y | 47945.010 | 47947.080 | 47939.354 | 47937.283 |
| 承台底板高程(m) | | 126 | | | |
| 基桩直径(m) | | 1.80 | | | |
| 桩数(根) | | 4 | | | |
| 桩端高程(m) | | 108.0 | 108.5 | 109.5 | 109.2 |

注:自由坐标

1. 工程地质条件

覆盖层厚度 0~2.5m(图 19-1),为风化砂夹少量块石,块石块径一般小于 30cm,少量大者块径在 0.6m 左右。表层结构密实,深度 1.0m 以下风化砂未分层碾压,其结构为中密。

基岩为黄褐色闪云斜长花岗岩,钻孔和电测深显示:1 号靠船墩地基基岩面北高南低,高程 133~130m,倾角 1°~5°。

地表开挖揭露,基岩中倾向 260°~280°,倾角 55°~65° 的裂隙发育,裂隙充填绿帘石。弱风化带岩体中裂隙较发育,中陡倾角为主。全风化带厚 10~13.4m,底板高程在 120m 左右,起伏差在 1m 左右。强风化带厚 7.6~9.0m,其底板分布在高程 110.5~112.02m 之间。各基桩部位覆盖层及强风化带厚见图 19-1。

2. 建议桩端持力层高程

根据岩石的风化特征和力学性质,建议 Z1-1、Z1-2、Z1-3、Z1-4 挖孔桩桩端持力层高程分别为:108.0m、108.5m、109.5m、109.2m。

3. 工程地质评价

(1)钻孔及电测深揭示:1号靠船墩各基桩穿过的覆盖层很薄,各桩端持力层高程差值较小,地质条件较好。全强风化带岩体厚度大,挖孔主要在全强风化带岩体中进行,其施工条件较好。但造孔时应做好孔壁防护,避免挖孔过程中局部掉块、坍方。

(2)承台高程为126.2m,四周临时边坡坡高6m左右,坡角可按45°~50°考虑,但北东侧地表基岩内顺坡向裂隙发育,施工时要做好基坑的支护。

(3)春季雨水多,场地为斜坡,北东边集雨面积较大,应做好地表水和施工用水的疏排工作,确保施工安全。

(4)没有钻孔的基桩Z1-2、Z1-4,其持力层高程根据实际开挖地质条件情况进行调整,需进行施工地质工作。

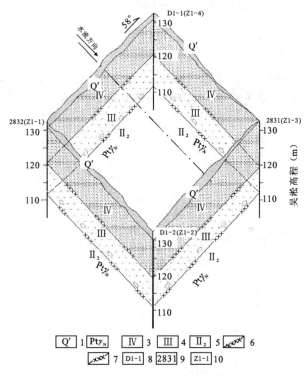

图 19-1　1号靠船墩三维地质图
1.人工堆积;2.闪云斜长花岗岩;3.全风化带;4.强风化带;
5.弱风化带上部;6.全风化带下限;7.强风化带下限;
8.电测深点编号;9.钻孔编号;10.桩基编号

## 二、2号靠船墩

升船机上游2号靠船墩原地形为一走向北西的斜坡,地面高程129~133.5m。开挖和填筑后高程为131~133m,地面略向南西倾斜,北东高,南西低,地面坡角3°左右。2号靠船墩设计技术指标列于表19-6。

表 19-6　2号靠船墩设计技术指标

| 项目 | | 设计值 | | | |
|---|---|---|---|---|---|
| 2号靠船墩基桩坐标（大坝系） | 基桩编号 | Z2-1 | Z2-2 | Z2-3 | Z2-4 |
| | X | 19446.937 | 19454.665 | 19456.734 | 19449.007 |
| | Y | 47552.775 | 47554.883 | 47547.118 | 47545.047 |
| 承台底板高程(m) | | 126.2 | | | |
| 基桩直径(m) | | 1.80 | | | |
| 桩数(根) | | 4 | | | |
| 桩端高程(m) | | 108.2 | 108.7 | 111.0 | 108.2 |

注:自由坐标。

1. 工程地质条件

覆盖层厚度 0～2.5m(图 19-2)，为风化砂夹少量块石。块石块径一般小于 30cm，少量大者块径在 0.6m 左右。表层结构密实，下部结构疏松。

基岩为黄褐色闪云斜长花岗岩，钻孔和电测深显示：2 号靠船墩地基基岩面北高南低，高程 132.9～129m，倾角 1°～5°。

地表开挖和钻孔揭露倾向南西及倾向北西的中陡倾角裂隙发育，裂隙充填以绿帘石为主。

全风化带厚 9.2～11.9m，底板高程在 120m 左右(图 19-2)，起伏差 1～1.3m。强风化带厚 6.4～10.1m，其底板分布在高程 109～113m 之间，各桩基风化层厚度和高程如图 19-2。

2. 建议桩端持力层高程

根据岩石的风化特征和力学性质，建议 Z2-1、Z2-2、Z2-3、Z2-4 挖孔桩桩端持力层高程分别为 108.2m、108.7m、111.0m、108.2m。

3. 工程地质评价

(1)钻孔及电测深揭示：2 号靠船墩各基桩穿过的覆盖层很薄，全强风化带岩体厚度大，挖孔主要在全强风化带岩体中进行，其施工条件较好。但造孔时应做好孔壁防护，避免挖孔过程中掉块坍孔。

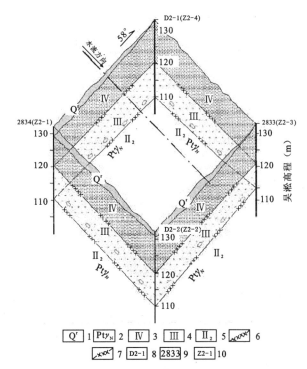

图 19-2 2 号靠船墩三维地质图

1.人工堆积；2.闪云斜长花岗岩；3.全风化带；4.强风化带；
5.弱风化带上部；6.全风化带下限；7.强风化带下限；
8.电测深点编号；9.钻孔编号；10.桩基编号

(2)承台高程为 126.2m，四周临时边坡坡高 6～9m，坡角可按 45°～50°考虑，但北东侧地表基岩内顺坡向及走向北西的裂隙发育，施工时要做好基坑的支护，防止块体崩塌，影响施工。

(3)春季雨水多，应做好地表水和施工用水的疏排工作，尤其是北东侧人工边坡下面的排水沟暴雨时携带泥沙，应做好砂挡，确保施工安全。

(4)没有钻孔的基柱 Z2-2、Z2-4，其持力层高程需根据实际挖孔地质条件进行调整，验桩基时具体确定。

### 三、3 号靠船墩

升船机上游 3 号靠船墩原地形为一走向北西的斜坡，原地面高程 121～129m。现地面高程为 132～133m，现地面略向南西倾斜，北东高，南西低，地面坡角 3°～5°。3 号靠船墩设计技术指标列于表 19-7。

表 19-7  3 号靠船墩设计技术指标

| 项目 | | 设计值 | | | |
|---|---|---|---|---|---|
| 3 号靠船墩基桩坐标（大坝系） | 基桩编号 | Z3-1 | Z3-2 | Z3-3 | Z3-4 |
| | X | 19475.914 | 19483.642 | 19485.712 | 19477.985 |
| | Y | 47560.539 | 47562.609 | 47554.883 | 47552.812 |
| 承台底板高程(m) | | 126.2 | | | |
| 基桩直径(m) | | 1.80 | | | |
| 桩数（根） | | 4 | | | |
| 桩端高程(m) | | 107.5 | 104.0 | 113.5 | 107.5 |

注：自由坐标。

1. 工程地质条件

覆盖层厚度 5.1~10.4m（图 19-3），为风化砂夹少量块石，块石块径一般小于 30cm，少量大者块径在 0.6m 左右。表层结构密实，下部结构疏松。

基岩为黄褐色闪云斜长花岗岩，钻孔和电测深显示：3 号靠船墩地基基岩面北高南低，高程 127.78~121.98m，倾角 1°~12°。

地表开挖和钻孔揭露倾向南西及倾向北西的中、陡倾角裂隙发育，其中充填绿帘石。

全风化带厚 4.2~13.1m，底板高程在 111.94~122.68m 之间，最大起伏差 10.74m，强风化带厚 1.9~8.3m，其底板分布在高程 106.58~115.96m 之间。各基桩部位风化层厚度和高程见图 19-3。

2. 建议桩端持力层高程

根据岩石的风化特征和力学性质，建议 Z3-1、Z3-2、Z3-3、Z3-4 挖孔桩桩端持力层高程分别为 107.5m、104.0m、113.5m、107.5m。

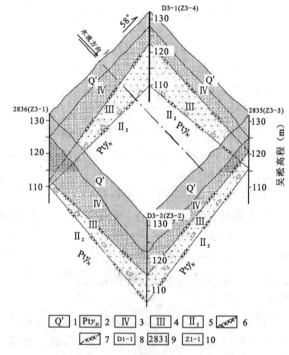

图 19-3  3 号靠船墩三维地质图
1.人工堆积；2.闪云斜长花岗岩；3.全风化带；4.强风化带；
5.弱风化带上部；6.全风化带下限；7.强风化带下限；
8.电测深点编号；9.钻孔编号；10.桩基编号

3. 工程地质评价

(1)钻孔及电测深揭示：3 号靠船墩各基桩穿过的覆盖层厚度大，全强风化带岩体厚薄不一，挖孔桩在覆盖层和全强风化带岩体中施工，其施工条件较差。造孔时会遇到人工填筑的块石，应做好孔壁防护，避免挖孔过程中掉块和坍孔。

(2)承台高程为 126.2m，四周临时边坡坡高 6~9m，覆盖层边坡坡角可按 45°考虑，全强风化带边坡可按 50°左右开挖,但北东侧地表基岩内顺坡向裂隙发育,施工时要做好基坑的支护工作,防止块体坍塌。

(3)没有钻孔的基桩 Z3-2、Z3-4,其持力层高程需根据挖孔实际地质条件进行调整,验桩基时具体确定。

(4)春季雨水多,应做好地表水和施工用水的疏排工作,尤其要注意北东侧人工护坡下排水沟排泄的水和携带物,确保施工安全。

(5)勘探过程中,在 2836 孔,孔深 18.73~27.53m,即高程 113.71~104.91m,残留钻具长 8.8m,施工时需加注意。

## 四、4号靠船墩

升船机上游 4 号靠船墩原地形为一走向北西的冲沟,原地面高程 120~126m。现地面高程为 132~133m,地面略向南西倾斜,北东高,南西低,地面坡角 3°~5°,局部 15°左右。4 号靠船墩设计技术指标列于表 19-8。

表 19-8  4号靠船墩设计技术指标

| 项 目 | | 设计值 | | | |
|---|---|---|---|---|---|
| 4号靠船墩基桩坐标（大坝系） | 基桩编号 | Z4-1 | Z4-2 | Z4-3 | Z4-4 |
| | X | 19504.892 | 19512.620 | 19514.680 | 19506.936 |
| | Y | 47568.304 | 47770.374 | 47562.647 | 47560.576 |
| 承台底板高程(m) | | 126.2 | | | |
| 基桩直径(m) | | 1.80 | | | |
| 桩数(根) | | 4 | | | |
| 桩端高程(m) | | 110.4 | 109.5 | 116.2 | 111.5 |

注:自由坐标。

1. 工程地质条件

覆盖层厚度 8.7~12.0m(图 19-4),为风化砂夹少量块石,块石块径一般为 10~15cm,少量大者块径在 60cm 左右。表层结构密实,下部结构疏松—中密,基岩为黄褐色闪云斜长花岗岩。钻孔和电测深显示:4 号靠船墩地基基岩面北东高、南西低,高程 120.3~124.75m,倾角 20°~25°。地表开挖和钻孔揭露倾向南西及倾向北西中陡倾角裂隙发育,裂隙充填以绿帘石为主。

全风化带厚 1.1~5.0m,底板高程为 118~121.65m(图 19-4),最大起伏差约 3.3m;强风化带厚 1.0~7.6m,其底板高程在 112.06~118.75m 之间,各桩基风化层厚度和高程如图 19-4 所示。

2. 建议桩端持力层高程

根据岩石的风化特征和力学性质,建议 Z4-1、Z4-2、Z4-3、Z4-4 挖孔桩桩端持力层高程分别为 110.4m、109.5m、116.2m、111.5m。

3. 工程地质评价

(1)钻孔及电测深揭示:4 号靠船墩各基桩穿过的覆盖层厚度大,人工填筑物质成分杂,全风化带岩体厚度较薄,强风化带岩体厚薄不均一,挖孔主要在覆盖层和全强风化带岩体中施工,其施工条件较差。造孔时应做好孔壁防护,避免挖孔过程中掉块和坍孔。

(2)承台高程为 126.2m,四周临时边坡坡高 6～8m,覆盖层边坡坡角可按 45°,全强风化带岩体边坡可按 50°考虑,但北东侧地表基岩内顺坡向裂隙发育,施工时要做好基坑的支护,防止块体坍塌,影响安全生产。

(3)没有钻孔的基桩 Z4-2、Z4-4,其持力层高程需根据实际挖孔地质条件进行调整,验桩时具体确定。

(4)春季雨水多,应做好地表水和施工用水的疏排工作,确保施工安全。

(5)在弱风化带中挖孔需放炮才能进入弱风化带上部半坚硬—坚硬岩石中,应注意控制炸药量,防止震动影响孔壁稳定。

## 第五节 结 论

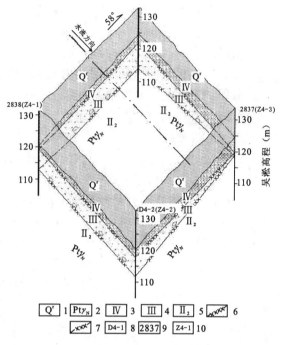

图 19-4 4号靠船墩三维地质图
1.人工堆积;2.闪云斜长花岗岩;3.全风化带;4.强风化带;
5.弱风化带上部;6.全风化带下限;7.强风化带下限;
8.电测深点编号;9.钻孔编号;10.桩基编号

通过小口径钻探和物探,查明了升船机上游靠船墩的工程地质条件,提供了设计所需的物理力学参数。

(1)升船机上游各靠船墩部位均有人工回填风化砂夹少量碎块石,厚度不一。1号、2号靠船墩部位,厚度薄,仅有 0～2.5m。3号、4号靠船墩部位厚度从北东至南西由薄变厚,最厚者达 12.0m。表层 1m 左右结构密实,1m 以下则为中密或疏松状态,其工程地质特征极不均一。

(2)各靠船墩部位弱风化带顶板有起伏。1号、2号靠船墩各基桩全强风化带厚度基本一致,一般厚度为 18～20m,弱风化带顶板高程一般为 110～112m,起伏差较小。3号、4号靠船墩各基桩全强风化带厚度变化大,最薄者仅有 1.0m,最厚者有 12.8m,弱风化带顶板高程一般 106～112m,起伏差稍大。根据各风化带岩体的厚度和强度特征,采用桩基是合适的。

(3)全强风化带岩体厚度变化大,强度不均一,因此,桩端持力层选在弱风化带上部岩体较合适,虽然弱风化带岩体内亦存在有半疏松岩体,但总体上可以满足靠船墩桩基要求。

(4)在覆盖层中挖孔要注意有块石出露的部位,防止崩塌和掉块,应做好孔壁支护工作,并做好地表、地下水的疏排工作。基岩中弱风化带上部岩体,需放炮才能进入半坚硬—坚硬岩石内,要注意控制炸药量和桩端岩体的保护。

(5)此次勘察每个靠船墩 4根基桩,只有两个钻孔,另两个基桩为电测深确定的风化层厚度及高程,因此,在挖孔时,需进行施工地质验桩,确定其具体高程。

# 第二十章 实例9 岩土工程
## ——猴石风电场 13 号塔基条件与评价

## 第一节 研究目的与绘图说明

(1)反映塔位及周缘的地形地貌、交通、景观之间的关系,地层岩性、地质构造、岩土工程特性等。

(2)揭示塔基岩体风化特征,周边不良地质现象,为分析和评价场地的稳定性、基坑开挖与支护方案提供依据。制图应直观、清晰。

本图的特点是针对某一具体问题将地质条件与周边景点的关系融为一体,有利于设计出拟建工程与周边景点资源共享,减少不必要的矛盾。根据风机塔基基础要求,突出塔基地形地貌、各风化岩体的厚度;标出景点与拟建工程的相互关系,进出景点交通道路现状,提醒设计人员在设计进场道路时顾及周边景点的交通。三维图表现方法仍采用概化模式,线条简单,关系明确,进景点交通线路用醒目的箭头标出。在原来的构思图中,各风化带中标注有设计风电所需要的电阻率等参数,本书将其删除掉了,在勘测过程中编制三维图时可根据设计需要加注对应的有关力学参数和岩体的特有性质,如渗透透性、电阻率等。

## 第二节 工程简介

猴石风电工程位于佳木斯市西南约 20km 的敖其镇,地处三江(黑龙江、松花江、乌苏里江)平原腹地,松花江下游南岸。工程区涉及面积约 65km²。设计装机容量为 49.5MW,拟安装 33 台 1 500kW 的风力发电机组。

场地南北最长约 10km,东西最宽约 8km,勘测场区面积约 65km²,场地乡村道路较多,交通较为便利。

## 第三节 基本地质条件

### 一、地形地貌

工程区地处黑龙江省佳木斯市郊区敖其镇,距市区约 20km,风机布置于簸箕山、猴石山以西山包、七块石、丰胜场等地，地貌类型多为平地和低山，山体地形起伏相对不大。13号风机所在区为簸箕山-纪念碑区：位于升压站的西侧和北西的簸箕山-纪念碑山岭上。山岭总体走向呈北东延伸，基本连续分布，地面高程为90～426m，山脊多较宽缓，一般宽20～50m，自然坡角沿山脊纵向坡角一般10°～15°，横向坡角一般20°～30°；少量山包为浑圆状，两个（或两个以上）山岭相交的山节处亦较为平缓，山上多为松树林，局部为橡树林，树高一般6～10m（橡树略低），少量树高达15m左右。

## 二、地层岩性

根据地质测绘，工程区各塔基部位均基岩裸露，其岩性主要有新近纪至第四纪灰褐色玄武岩，矿物成分主要为斜长石、橄榄石、辉石，气孔构造。岩石名称为紫红色斜长安山岩。

13号塔基处为白垩系宝窑河组（$K_1b$）深灰色、深灰绿色英安岩和灰黄色、褐黄色英安质凝灰熔岩，主要由粒径小于2mm的晶屑、岩屑及玻屑组成。碎屑物质含量小于50%，分选很差，填隙物是更细的火山微尘。

## 三、岩体风化

由于基岩长期裸露于地表，岩体在各种风化营力及冻融作用下，岩石的结构、构造、矿物成分、物理力学性质发生了不同程度的改变和破坏，在浅表部形成一定厚度的风化岩体。场区内按风化强弱程度从上到下可分为全风化带、强风化带、中等风化带和微风化带。各风化带的分布及特征简述如下。

全风化带：岩石呈灰色、褐黄色，以疏松状碎屑为主，含有少量半坚硬碎块或直径小于30cm的小球体。矿物均失去光泽，除石英外，绝大部分矿物已蚀变；矿物之间失去结晶联系。

强风化带：岩石呈黄褐色、深灰色，岩体呈疏松碎屑夹半坚硬碎块状，其中，碎屑含量为30%～60%，矿物多风化蚀变，大部分已失去结晶联系；裂隙发育，岩体较为破碎。

中等风化带：岩石呈灰黄色、浅褐色及深灰色，以半坚硬—坚硬岩石为主，夹有半疏松—疏松状碎屑，裂隙发育，沿裂面岩石风化加剧，局部玄武岩中（丰胜采石场）和火山熔岩间软弱岩层风化强烈，形成风化夹层，其厚度为15～20cm，最大可达1m。

微风化带：岩石风化轻微，原岩结构基本未被破坏，仅沿部分裂隙面发生表皮风化，厚度一般小于1cm，偶见沿裂面形成的风化夹层，其宽度一般小于5cm。

岩体风化程度与岩性有关。一般而言，凝灰岩和玄武岩岩体风化相对较强，其厚度也相应较大，角砾岩风化相对较弱，其风化厚度相对较小。

各地貌单元风化的岩体分布亦不尽相同。全风化岩体，主要分布于缓坡及坡脚一带，山脊少见，其厚度一般1～2m，局部最厚可达10m（水井钻孔）；强风化带岩体在本区普遍分布，厚度一般2～5m；中等风化带岩体厚度一般2～5m，局部大于10m。强风化和中等风化岩体均以山包及山顶较厚，山坡地带相对较薄。

## 四、地质构造

据地质调查和测绘，工程区仅在丰胜采石场处发现一条断层，断层走向320°，倾向南西，倾角75°，主断面宽约20～30cm，影响带宽约3m，呈上窄下宽状，断层波状延伸，长度大于1000m，构造岩为碎粉岩和碎粒岩，宽1～2m。工程区内裂隙较发育，按其走向可分为4组：

①北西西组,占 32.4%;②北西组,占 22.5%;③北东组,占 17.6%;④北北西组,占 17.2%。裂隙主要以中、高陡倾角裂隙为主,少量缓倾角裂隙,无明显优势产状。

### 五、水文地质

场址区地表径流不发育,大气降雨部分入渗,部分以漫流形式顺坡汇入冲沟中,降雨停止后地表流水即迅速消失。地下水主要为第四系覆盖层孔隙水及基岩裂隙水,平缓地段地下水位埋深较浅。基岩地层中主要接受大气降水补给,在山麓、宽缓冲沟部位偶见泉水出露,水质清澈,无异味。有的为季节性泉水,其流量随下雨的时间长短、大小变化;塔基部位地势较高,均无泉水出露。据试验结果,场地区环境水的 pH 值为 6.5~6.6,侵蚀性 $CO_2$ 含量为 0.94~1.87mg/L,$HCO_3^-$ 含量 153.22~233.73mg/L,$Cl^-$ 含量 0.00mg/L,$SO_4^{2-}$ 含量 46.09~71.05mg/L,$CO_3^{2-}$ 含量 0.00mg/L,$Ca^{2+}$ 含量 35.07~43.63mg/L,$Mg^{2+}$ 含量 8.26~10.69mg/L。水化学类型为 $HCO_3 - Ca$ 或 $HCO_3 - Ca \cdot Mg$ 型。

按《岩土工程勘察规范》(GB 50021—2001)判定,场地浅层地下水对混凝土具弱腐蚀性,对钢筋混凝土结构中的钢筋无腐蚀性,对钢结构具有弱腐蚀性。

### 六、岩(土)体的工程地质特征

根据《中国季节性冻土标准冻深线图》,佳木斯地区属季节性冻土分布地区,拟建场区内第四系覆盖层分布地段地基土标准冻深为 2.20m。

山岭、山包塔基岩体一般为强风化,山脊部位岩石主要为中等风化英安岩、英安质凝灰角砾熔岩、英安质凝灰熔岩、玄武岩等,岩质坚硬,变形模量为 6~8GPa;火山凝灰岩相对稍软弱,变形模量为 3~4GPa。

据《建筑地基基础设计规范》(GB 50007—2002),结合本地区的工程经验,提出本工程各类岩土体物理力学指标建议值。

按有关规程规范和设计要求,采用对称四级电测深方法进行了岩土体的电性参数测试,风机塔位处,不同极距实测视电阻率。

## 第四节 主要工程地质问题

### 一、风机塔基稳定问题

风机一般都布置在山顶及山岭地势较高部位,塔基地表多为基岩出露,局部较缓处有少量的残坡积层,厚度较薄,一般 20~80cm。基岩主要为强风化,岩石多为半坚硬—坚硬,力学强度较高,基本能满足塔基承载要求。

塔基拟采用扩大基础形式,以基岩作为持力层,基础稳定性较好,一般不会产生沉降和不均匀变形。但部分山顶处场地较窄,基岩中高陡倾角的裂隙发育,岩体完整性相对较差,且陡坎壁面及坎边卸荷裂隙发育,局部存在小型块体及剥落体。块体和剥落体的下滑,使其陡坎后退,将危及风塔塔基的稳定。

## 二、人工边坡稳定问题

工程区山体为连续起状延伸的山脊、山岭和山包,陡崖、陡坡较多,山脊较窄,宽一般5~20m不等,局部较窄处只有3m左右。如10号塔基部位,最窄处仅有2m,自然坡角较陡,局部达60°。在北坡多呈陡崖状且裸露的基岩中,陡倾角卸荷裂隙发育,多微张开,部分呈张开状,伴有倾倒变形。上部岩体风化较强烈,以强风化岩体为主,裂隙发育,岩体破碎,对人工开挖边坡的稳定不利。

安装场地长达55m,宽为30m。在安装场地开挖时,四周至少有一边会形成人工开挖边坡,一般坡高1~5m,少量坡高大于10m;边坡岩体上部以强风化为主,厚度一般2~5m,局部为中等风化,裂隙发育,岩体破碎。边坡距风机塔中心最小距离15m;一般5m以下的人工边坡稳定性较好,对塔筒的影响较小。如果后缘有物质来源,且地势较低,建议考虑排水和适当的防护设施。5m高以上的人工边坡,由于边坡的地形、岩石风化、岩体结构等因素的影响,边坡的稳定性较差,建议边坡上部坡比为1:0.5,下部坡坡比为1:0.3,对后缘物质来源较大的边坡建议进行衬砌。

## 三、安装场地不均匀沉陷问题

安装场地为长55m,宽30m的矩形平台。工程区地貌单元有山脊、山岭、山包和山坡,大部分地形起伏,局部地形坡度较陡,山脊较窄,宽一般5~20m不等,局部窄处宽2m左右,部分为开挖区,部分为填筑区。因大部分风机所在位置为山岭、山脊、山包和斜坡上,部分地段地形坡度较陡,地形起伏大,故回填厚度相差较大。

因安装场地用于主要重型设备的吊装,场地开挖区地基强度高,而回填地基因回填厚度较大,存在沉陷变形问题,因此,在吊装风机过程中应引起重视,重型设备宜置于开挖区。此外,回填区大多为地形低凹处,将形成一定高度的填筑边坡,在场地上部加载条件下,边坡易失稳,需对其人工填筑边坡进行防护。

# 第五节 工程地质条件与评价

按工程布置、地形地貌特征分了3个区,其中13号风机在簸箕山-纪念埠区,所在位置为一山节。塔基形式为圆柱和圆台组合形,底部直径17.4m,塔基础高2.5m。按设计开挖高程揭露的塔基岩体风化有3种情况:其一,塔基表层均为强风化岩体(图20-1);其二,塔基表层一部分为强风化岩体,一部分是中等风化岩体;其三,塔基表层均为中等风化岩体,本章不作介绍。

簸箕山-纪念埠区(A区)共13个风机,编号为1#~13#。其中13号风机塔位于"东北抗日联军纪念碑"西南山岭上,塔基处沿山岭地形较平缓,其自然坡角一般为1°~3°。安装场地布置在去"东北抗日联军纪念碑"的简易公路附近,长轴方向为北西西向,顶部总体地势较平缓。其中:东边为去纪念碑的简易公路,地面坡角一般为0°~5°,局部为10°左右,南面山坡坡角一般为13°~18°,局部为20°;西侧地形坡角一般为12°~15°,局部为20°左右;北边地形坡角相对较缓,一般为12°~15°,局部为20°左右。

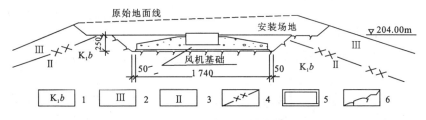

图 20-1　风机塔基岩体风化及塔筒基础形式

1. 白垩系宝窑河组；2. 强风化带；3. 中等风化带；4. 风化界线；5. 塔筒底座；6. 开挖线

地表基岩裸露，岩性为白垩系宝窑河组（$K_1b$）灰黄色、浅褐色英安质凝灰熔岩，强风化岩石厚度大于 5.0m（图 20-2）；周边开挖揭露，中等风化岩体沿结构面风化较明显，一般宽度为 0.15～0.20m，岩质半坚硬至较坚硬。场地无较大断层穿过，但是，短小裂隙十分发育，裂面平直稍粗，主要有 3 组：①290°∠46°～25°；②230°∠20°～25°；③342°∠75°～82°。裂隙多以中高倾角为主，少量缓倾角裂隙。岩体较破碎，以次块状结构为主；山节周缘无大型滑坡体，地势相对较高，无泉水出露。

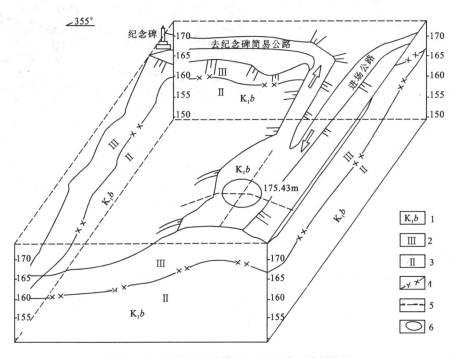

图 20-2　13 号风机安装场工程地质三维概化图

1. 白垩系宝窑河组灰绿色、灰褐色英安质凝灰岩；2. 中等风化带；3. 弱风化带；
4. 风化界线；5. 塔基轴线；6. 塔基范围（半径 17m）

场地设计控制点高程为 169.66～173.72m，最高高程 175.69m，最低高程 169.66m。安装场地微向北西倾斜（见图 20-2）。安装场地以强风化基岩为主，占安装场总面积的 95%，其底板高程为 163～171m，北西山坡凹槽和南东局部地表高程低，为人工填筑。塔筒地基直径 19m

范围以内为强风化岩石,其底板高程为166~169m。塔基区无人工开挖永久性高边坡,不存在人工开挖高边坡稳定性问题。塔基东边地形平缓,南面、西侧及北部自然边坡稳定性较好。该塔位周边植被为较少的低矮灌木,地形较平缓,地势相对高,无泉水出露,不存在地下水对混凝土建筑物的腐蚀问题。塔基强风化岩石,其地质条件较好,能够满足风机建设要求。建议塔基开挖高程为173~174m。

如按高程174m开挖,塔筒东侧将形成走向14°,倾向北西,长22m,高1~3m,最高3.6m的边坡。钻孔和坑槽及周边开挖的陡崖揭示:安装场地边坡岩体以强风化为主,无大断层穿过,裂隙主要有3组。分析可知,北北东向边坡上,结构面与边坡组合,形成不利边坡稳定的块体,有的结构面与边坡呈小锐角相交,且倾向坡外,容易形成薄板状块体。综合地质条件和自然陡崖的稳定状态分析认为,该塔位边坡高5.6m,强风化岩石边坡开挖坡比不宜大于1:0.5;如果要保留去"东北抗日联军纪念碑"的简易公路,该边坡将挖除和降低,剩余部分边坡高度低于5m,稳定性较好。

但是,安装场地在北西和北东地势较低处将存在3m左右的人工堆积边坡,其稳定性较差,需要进行适当的防护。对重型安装设备,建议避开回填区,置于开挖区基岩内,有利于场地及设备安全。此塔安装场地原为进入"东北抗日联军纪念碑"景点的简易公路,设计时必须考虑安装场地与进入"东北抗日联军纪念碑"景点及进场道路的衔接问题(图20-3)。

图20-3 竣工后风机和纪念碑构成新的景点

# 第六节 结论与建议

(1)拟建场区设计基本地震加速度峰值为0.05g,对应的地震基本烈度为Ⅵ度;设计地震反映谱特征周期为0.35s。

(2)13号塔基布置于本场区山岭上,地面相对平缓,地形条件较好,基岩主要为英安质凝灰角砾熔岩、英安质凝灰熔岩等。表部强风化岩体厚3~5m,裂隙发育,岩体以次块状为主,局部为镶嵌结构,强风化岩体允许承载值为150~300MPa,能满足塔基承载要求。场区内无大的影响塔基稳定的不良地质现象,各塔基工程地质条件均较好。

(3)风机塔基部位水文地质条件较简单,山包、山岭地段地下水位埋藏较深,地下水对工程建设影响较小,不存在地下水对混凝土的腐蚀问题。

(4)风机塔高70m,风机叶片半径35m,塔筒和风机高105m。强风化和中等风化的英安质凝灰角砾熔岩有较高的承载力,可以作为塔筒等建筑物的持力层。建议塔基采用天然地基浅基础,塔基进入强风化岩体深度不低于2m或放置于中等风化岩体之上,并进行抗倾覆验算。

(5)强风化岩体开挖坡比为1:0.75,中等风化岩体开挖坡比为1:0.5;高度小于5m的人工边坡,强风化岩体和中等风化岩体开挖坡比为1：(0.3～0.5),并采取适当措施给予防护,做好人工边坡周边的排水工作。

(6)风机吊装场地为开挖与回填形成的平台,回填区不直接受力部位可利用开挖的土石渣填平、夯实。重型机械设备应置于开挖区段,以保证其基础稳定及设备人员的安全。

# 第二十一章  实例10  岩土工程
——西气东送工程孝昌接收站地基条件与评价

## 第一节  研究目的与绘图说明

(1)利用三维图综合反映工程范围内地貌特征,地基土的地层结构、岩土类别、埋藏条件、分布规律。

(2)揭示场地的地层岩性,基岩面高程及岩石风化特征,全、强风化带岩体厚度分布规律。

(3)充分利用土地,在征地范围内有一灌溉渠从场地穿过,为设计提供现场实景与钻孔的相互位置关系,便于设计与地质表达建筑物位置。

本实例中,工程场地地形地貌较复杂,场地西侧有一灌溉渠道穿过,业主要求将两块地基连成一个整体,一是充分利用土地空间,二是便于管理,为此,在评价适宜性时,专门将灌溉渠照有全景,然后提供给设计单位,设计要求作一幅有地质信息的三维图,为此,在地质勘测报告中作了概化图,表现灌溉渠在场址区的位置,较全面地反映覆盖层的分布和厚度,并用花纹予以突出;反映基岩面的起伏特征,划分各风化岩体的厚度,标注钻孔编号,各钻孔相互位置与文字相呼应;为了突出基岩风化带,基岩中未充填花纹,只在文字中给予叙述,使图面清晰。

## 第二节  拟建工程概况

拟建西气东输二线工程湖北孝昌接收站,位于湖北省孝昌县陡山乡南西侧合山村,距孝昌县城约10km,南距湖北省会武汉90km,天河机场60km;京广铁路、107国道纵贯南北,横穿东西的大安公路将107国道和316国道沟通,距京珠高速公路仅9km,交通便利。

站址区长120m,宽100m,面积12 000m$^2$。勘察范围包括接收站场址区、放空区及西边中石油来气管道。接收站场内拟布置调度中心、工艺装置区、阀门操作区、车库、辅助用房等构筑物及放散区。

综合值班室为地上两层建筑,车库、机修仓库均为地上一层建筑,均为框架结构,油分输站、顺中石油分输站东南侧展布,后接入本接收站。

# 第三节　基本地质条件

## 一、地形地貌

场区位于湖北省孝昌县南东约10km,大别山南麓、江汉平原北部,地处陡山乡合山村,属鄂东北低山丘陵区与江汉平原的结合过渡地带。东与武汉市黄陂区接壤,西接云梦县、安陆市,南邻孝南区,北靠大悟县、广水市。以垄岗平原、洼地为主要地貌类型。

建接收站范围内,抗旱灌溉渠道将场地分为北西和南东两部分,其中,北西地段由灌溉渠边坡、马道和荒地组成,紧邻乡级公路接收站场地微向南东倾斜;南东地段由灌溉渠边坡和平台、荒地组成,局部为水田和旱地。平台高程(独立高程系)97m左右,总体地势较平坦,地形起伏小,北西部略高、东南部稍低。平台南东为人工取土残留的山脊,山脊走向58°;平台西南为人工开挖近南北向的长方形水塘,水塘宽14~18m,长约68m,将场址区内北东向山脊分为北东和南西两段;北东段为主要建筑物场地,南西段为放散区场址(图21-1);场址北东有一椭圆形水塘,长轴方向约23m,短轴方向约16m,水塘水深0.3~0.6m。灌溉渠道流向为NE60°,底宽2.4~2.6m,渠底高程94.5m左右,两侧边坡坡角一般为23°~25°,北西侧边坡在高程97m左右设置有马道,宽2.5m左右,部分开垦为旱地。

## 二、地质构造

### (一)区域地质概况

场区位于秦岭褶皱系的南秦岭印支冒地槽褶皱带内复背斜中的大狼山褶皱束。场区区域范围内主要分布两条大断裂:北东侧为桐柏-青山口断裂,南西侧为襄樊-广济隐伏断裂。

近场区及场址区内没有规模较大的断裂通过。

1. 桐柏-青山口断裂

桐柏-青山口断裂位于接收站北东约21km处,总体呈北西向展布,经新城、英店、青山口、黄陂、阳罗向南东与扬子北缘断裂相交,向北西过南阳盆地可能与内乡断裂相连,湖北省内展布长约250km,是分隔桐柏-大别中间隆起和武当-随县褶皱带的区域性大断裂。该断裂主要形成于印支-燕山期,挽近时期断裂复活现象明显,第四纪以来断裂两侧表现为不均衡的块断运动。从西部顺断裂延伸的水系所反映的左型扭动变形及历史上断裂附近有弱震发生来看,该断裂在近代仍有一定的活动性。

2. 襄樊-广济断裂

襄樊-广济断裂位于接收站以南约21km处,总体呈北西向延展,西起襄樊附近,向南东穿过大洪山区经云梦、孝感、武汉、黄洲后,在武穴以西的田镇马口一带消失,全长400余千米,是秦岭-大别山断褶带和扬子断块的分界断裂。第四纪以来,该断裂的活动相对较弱,仅在局部地段控制长江河谷走向和结构。1633年、1640年,该断裂在黄冈一带分别发生了一次$4\frac{3}{4}$级、5.5级中强地震,两次地震都在工程场址区100km外,影响到工程场区的烈度都小于Ⅴ度。

图 21-1 孝昌接收站台场址全景及典型地貌近景（全景和放散区镜向南西摄、水塘镜向南东摄）

场区区域范围内无中强地震发生，微、弱震活动性水平亦较低。距场区较远的中强地震有 1605 年江夏 $4\frac{3}{4}$ 地震、1640 年黄冈 5.5 级地震及 1913 年麻城 5.0 地震，均位于工程区域范围外，影响到场区烈度亦小于 Ⅴ 度。有地震记录以来，近场区（25km）和场址区（5km）无大于等于 4.7 级地震记录。

根据《中国地震动参数区划图》(GB 18306—2001)以及《建筑抗震设计规范》(GB 50011—2001)，孝昌县接收站场址区的地震动峰值加速度小于 0.05g（图 21-2），地震动反映谱特征周期为 0.35s；对应场地抗震设防烈度为 Ⅵ 度，设计基本地震加速度值为 0.05g。

图 21-2　孝昌接收站场区地震加速度峰值图

### (二)场区地质构造

根据场区周边开挖揭示的基岩出露、地质调查和测绘，工程场地地表主要由第四系所覆盖，零星分布基岩，场址区内开挖揭露的基岩中无规模较大的断层穿过，无地震发生。

场区下伏基岩为中元古界随县群古井组（$Pt_2g$）紫红色片麻岩、银灰色绢云母化千枚岩和灰色板岩。地表出露为全风化带，钻孔揭露至中等风化带。

## 三、地层岩性

根据现场勘察，场地覆盖层主要为第四系全新统（$Q^4$）耕植土层及上更新统宜都组（$Q^3y$）地层，下伏基岩为中元古界随县群古井组（$Pt_2g$）片麻岩、绢云母化千枚岩和板岩。涉及到本工程的各地层岩土体特征见表 21-1。

1. 第四系全新统（$Q^4$）

场区地表多为第四系全新统地层，根据本场址区的性状、特征只分为一层。

①-1 耕植土：岩性主要为黏土，褐灰色，可塑状，多见植物根系。厚 0.4~0.6m，场址区稻田表部均有分布。

①-2 人工填土：人工回填，成分较杂，有粉质黏土、碎块石及生活垃圾等，经人工碾压后，较密实，最厚处达 3m。主要分布于场区西侧，规划绿化带内。

表 21-1　场区各岩土层主要特征一览表

| 成因时代 | 编号 | 岩土名称 | 层厚（m） | 特征描述 |
|---|---|---|---|---|
| $Q^4$ | ①-1 | 耕植土 | 0.4~0.6 | 为深灰色黏土,硬塑—可塑状,多见植物根系 |
| | ①-2 | 人工填土 | 0.7~3.0 | 人工回填成分杂,主要为浅黄色粉质黏土夹碎石,碎石成分为片麻岩等,砾径 0.3~5cm 不等,含量分布不均,一般 5%~30%,受碾压后较密实 |
| $Q^3y$ | ②-1 | 粉质黏土 | 1.9~8.0 | 深灰或褐灰色粉质黏土,密实,硬塑,含有少量灰黑色铁锰质结核和石英砂 |
| | ②-2 | 黏土 | 0.7~6.8 | 黄色黏土,呈可塑状,质较纯,切面光滑。呈可塑状,含有黏粒成分,从上至下有增加的趋势,含有较多灰黑色铁锰质结核 |
| $Pt_2g$ | ③-1 | 全风化杂色片麻岩、绢云母化千枚岩及板岩 | 1.2~5.8 | 全风化受岩性的影响较为明显,上部 1m 左右呈土状,原岩的结构和岩体中的劈理难以分辨,只能通过风化岩石的颜色和手碾辨别。1m 以下至强风化顶部岩体的结构以及变动变形形成的小型褶皱可以看清,岩质较软,手碾可成粉末和细砂 |
| | ③-2 | 强风化杂色片麻岩、绢云母化千枚岩及板岩 | | 千枚岩风化后呈银灰色,劈理清晰可以辨认,小型褶皱断口为凹凸不平的锯齿状,岩质软,夹有部分坚硬岩石,有油脂光泽,手摸表层有滑腻感;岩体为散体结构 |
| | ③-3 | 中等风化杂色片麻岩、绢云母化千枚岩及板岩 | | 千枚岩为银灰色,有光泽,岩质为半坚硬—坚硬;片麻岩为浅褐—灰色,岩质坚硬者占 60%;板岩为灰—浅灰色,有光泽,岩质坚硬者占 80%。3 种岩石在断口处均为锯齿状,棱角分明。石英脉岩光泽较暗淡,岩质坚硬。岩体为镶嵌结构和次块状结构 |

2. 第四系上更新统宜都组（$Q^3y$）

地面和上部主要为粉质黏土、黏土及砂砾石层等,土体中多含灰黑色铁锰质结核、灰白色高岭土团块及少量石英团块和砂砾。其地表和上部多为深灰色,以下颜色渐变为灰黄色。4m 以下黏粒渐增多。由于场地原地形起伏较大,不同的钻孔揭示的高程不尽一致,厚度也有所差别。场区主要地层分述如下。

②-1 粉质黏土层:上部呈深灰色,下部呈褐色,硬塑状,局部见石英团块和砂砾,含灰黑色铁锰质结核、角砾含量不一,一般 3%~5%。该层在场址主要建筑物区大面积出露,分布高程受原地形影响,厚薄不均,一般 1.9~8.0m。

②-2 黏土层:可塑状,少量呈硬塑状,上部呈灰色,含石英团块砂砾、铁锰质结核、角砾含量不一,一般 3% 左右;下部以黄褐色为主,局部段砂粒含量达 70%,砾石含量 5%~40%,砾径一般 0.5~3cm,大者约 4cm,呈次棱角状。该层厚 1.2~5.8m。

3. 中元古界随县群古井组（$Pt_2g$）

场区下伏基岩为中元古界随县群古井组（$Pt_2g$）,本次勘探钻孔共 21 个孔揭露该层,埋深 1.0~9.8m。

岩体风化强烈,全风化带厚一般 2~4 m,最厚者 5.8m,最薄者仅 1.2m,其中上部 1~2m 呈土状,密实,含极少石英砂砾;原岩结构大部分未见,且分不清岩性,仅从手摸有滑腻感才能判断为绢云母化千枚岩;强风化呈碎屑状,无光泽,结构松散,能分清岩性,岩质为半疏松—半坚硬,仅少量呈碎块状;中等风化,绢云母化千枚岩为银灰色,有光泽,岩质为半坚硬—坚硬,开挖的岩块呈团块状，片麻岩为浅褐—灰色，岩质坚硬者占60%，开挖的岩块为薄片状，板岩为灰—浅灰色，有光泽，岩质坚硬者占80%，开挖块石呈板状，岩石在断口处均为锯齿状，棱角分明。石英脉岩光泽较暗淡，岩质坚硬。岩体为镶嵌结构和次块状结构。钻探一般以短柱状和半柱状为主。

全、强、中等风化带特征详见表21-2。

### 四、水文地质

#### 1. 水文气象

孝昌县属亚热带季风性湿润气候。一年四季分明，热量丰富，雨量充沛，无霜期长，具有"光、热、水"同季反映的特点。春季寒潮活动频繁，气温骤升骤降，晴雨间变；春末夏初气候温和，雨水充沛，风向多变；夏季常有"梅雨"，一般是6月中旬进入梅雨季节，7月中旬出梅，出梅后常常出现高温干旱，同时盛刮偏南风（南洋风），因而容易导致旱涝灾害；秋季晴多雨少，秋寒开始侵袭，深秋有秋高气爽的"小阳春"天气；冬季盛行偏北风，寒冷少雨，常有冰凌冻害出现。年平均气温16.1℃，年变化形成一个单峰型，即一年之中，1月最冷，月平均气温3.2℃，极端最低气温-14.9℃；7月最热，平均气温28.5℃，极端最高气温38.5℃。平均气温年较差为25.3℃，极端气温年较差53.4℃。

年平均降水量在1 130mm左右。降雨量分布有明显的季节变化，据1957—2000年花园雨量站统计资料分析，一般春季雨量平均330.1mm，占年降雨量的30.8%；夏季雨量平均459.6mm，占年降雨量的42.8%；秋季降雨量平均195.1mm，占年降雨量的18.2%；冬季雨量平均87.4mm，占年降雨量的8.2%。

#### 2. 地表、地下水

场区地处江汉平原与东北低山丘陵区的结合过渡地带，地貌为岗状平原地貌，场区北西为澴河，南东水塘星罗棋布。

场址周围均有水塘分布，且场址内分布有北东60°引水灌溉渠，将场址一分为二，是场区地表水主要排泄通道。场区地表水主要受农田灌溉水及大气降雨的补给，一部分顺地表漫流向场址中间灌溉渠中排泄，一部分则向周缘的沟渠或水塘等汇集，极少量向地下入渗，补给地下水。

按地下水的类型及赋存条件，场地区内地下水主要为第四系覆盖层孔隙潜水和基岩隙水。根据钻孔揭露，场址区地下水位埋深一般2.30～2.70m，局部地段埋深3.00～3.60m。

据调查，当地打水井一般7～8m就可取水，为弱承压性地下水。根据钻孔观测水位，场区地下水位埋深不一，表明地下水连通性较差，无稳定含水层，因此场区地下水不具承压性或承压性较弱。

#### 3. 岩土体的渗透性

场区第四系覆盖层主要为粉质黏土、黏土，下伏基岩为全、强、中等风化的绢云母化千枚岩、片麻岩、板岩，石英脉脉岩等。

从钻孔揭露的土体性状及相关工程经验判断，场区②-1深灰色粉质黏土、②-2棕黄色、黄色黏土属极微透水体；③-1全风化带上部岩体属极微透水体。

表 21-2 孝昌接收站岩体风化特征一览表

| 风化分带 | 全、强、中等风化带照片 | 特征描述 | 备注 |
|---|---|---|---|
| 全风化带 |  | 全风化受岩性的影响较为明显，其中上部1m左右风化后绢云母化千枚岩，片麻岩呈土状，原岩结构和岩体中的劈理难以分辨，只能看风化岩石的颜色和手碾腻别。片麻岩呈深褐色，千枚岩后浅灰色并有手碾腻感，板岩为灰色。1m以下至强风化顶部岩体的结构以及变动变形形成的小型褶皱可以看清，岩质较软，手碾可成粉末和细砂，板岩从上到下都可看清成层理，但手碾可成白色粉末。石英脉风化后手碾成细砂。总体上全风化带上部含水量较高，风化岩石呈可塑状，下部为半疏松状，无光泽，钻探岩芯基本上呈柱状取出 | 钻孔采取率和获得率高，一般为100% |
| 强风化带 |  | 绢云母化千枚岩风化后呈银灰色，壁理清晰可以辨认，小型褶皱断口呈凹凸不平的锯齿状。片麻岩为浅褐色或浅紫红色，夹有部分坚硬岩石，有油腻光泽，手摸表层有滑腻感。片麻岩为灰色，层理清晰，表层光泽暗淡，岩质为半硬松一坚硬，沿裂光泽暗淡。板岩为灰色，层理清晰，表层光泽暗淡，岩质为半硬松一坚硬，沿裂面有少量半疏松状。石英脉抗风化能力较强，一般在强风化岩体中岩质多为坚硬，岩体结构为散体结构，岩探取岩芯结构，钻探取岩芯困难，一般以风化砂、砾取出，少量碎块及碎片状。以中粗砂和半柱状，少量饼状 | 由于石英有较好的抗风化能力，导致钻孔取采率低，一般取采率为60% |
| 强风化带 |  | 绢云母化千枚岩风化后呈银灰色，有光泽，岩质为半坚硬一坚硬，有开挖的岩块呈团块状，块径8～10cm，少量有20cm，开挖岩块为浅褐一灰色，岩块占60%左右，有光泽。片麻岩为浅褐一灰色，板岩为灰色，块径6～9cm，大者15cm，开挖块石呈板状，一般块径15cm左右。3种岩石在断挖的岩块坚硬者占80%，楔角分明。石英脉光泽较硬暗，岩质坚硬，岩体为镶嵌结口处均为锯齿状，楔角分明。钻探一般以短柱状和半柱状为主 | 钻孔采取率较高，一般采取率为80%以上 |

### 五、岩土体物理力学性质

1. 土的物理力学性质
1）原位测试

本次勘察期间，对场区内主要土层进行了标准贯入试验，共计 11 段，其有效数据 10 段。试验严格按照相关规程进行现场操作，钻孔做到了孔壁垂直稳定，清孔彻底。试验时触探杆竖直，标记准确，试验值较为可靠。

结果表明：②-1 深灰色粉质黏土实测击数为 18～20 击，承载力特征值为 510kPa；②-2 棕黄色黏土实测击数为 12～16 击，承载力特征值为 360kPa；③全风化紫红色片麻岩实测击数为 14～30 击，承载力特征值为 570kPa。

2）室内试验

场址区内土体主要为②-1 褐灰色黏土层、②-2 棕黄色黏土层。本次勘察取 14 组原状土样进行土体常规室内试验。

2. 岩石的物理力学性质

勘察揭露的绢云母化千枚岩、片麻岩、板岩风化强烈，全风化带岩体上部岩质软弱。现场在钻孔内对全风化带上部进行 4 段标准贯入试验，其结果显示：全强风化带上部锤击数大于 30 击，结构密实。

3. 土壤电阻率

勘察期间，对场区内进行了现场电阻率测试，其值介于 15～25Ω·m。

4. 岩土物理力学参数建议值

根据本次勘察实验成果，在综合分析原位试验及室内试验成果的基础上，结合相关工程经验给出场区内各主要岩土体的物理力学建议值（略）。

根据相关规范判定：本场地的表层耕植土属软弱土；深灰色粉质黏土、灰黄色黏土均属中硬土。

计算结果（略），判定场地属Ⅱ类建筑场地。

## 第四节 场区水、土腐蚀性评价

### 一、水的腐蚀性判定

根据试验资料判定：场区地表水、地下水对钢结构具弱腐蚀性；按环境类型Ⅱ判断，水对混凝土结构具微腐蚀性；在长期浸水及干湿交替情况下，对混凝土结构中的钢筋具微腐蚀性；按地层渗透性在弱透水土层或直接临水情况下，对混凝土结构具微腐蚀性。

### 二、场地土的腐蚀性

为了解场区土的腐蚀性，选取具代表性点进行土的电阻率测试，并取扰动土样进行室内土的腐蚀性测试。根据场区土壤电阻率测试成果，按照《油气田及管道岩土工程勘察规范》（SY/T 0053—2004）中附录 D 表 D.0.1-2 的规定进行评价，结果表明场区内 7.5m 以上的土体对钢结构具强—中等腐蚀性。

场区内土层以硬塑状粉质黏土为主,透水性微弱。因此,根据《岩土工程勘察规范》(GB 50021—2001)(2009年版)第12.2.1至第12.2.4条的标准评价时,对混凝土结构腐蚀性评价的环境类型应为Ⅱ类,对凝土结构腐蚀性评价按B类考虑,对钢筋混凝土结构中钢筋腐蚀性评价按A类考虑。

# 第五节 场地工程地质评价

## 一、场地稳定性评价及适宜性评价

根据《岩土工程勘察规范》(GB 50021—2001)规定,场地拟建工程重要等级为二级,场地复杂等级为二级,地基复杂程度为二级;综合分析,按《油气田及管道岩土工程勘察规范》(SY/T 0053—2004)中的表3.06,确定场区岩土工程勘察等级为乙级。

场区属垄岗状平原区,总体上地势开阔,地形起伏相对较小,场区内未见大型滑坡、崩塌、泥石流等不良地质现象。仅在灌溉渠的两侧边坡上发现表层有小型蠕滑迹象。场地地震基本烈度为Ⅵ度,设计基本地震加速度为0.05g。本工程场地为对建筑抗震有利地段,场地整体稳定性好。

场区位于湖北孝昌县陡山乡,107国道和乡级公路紧邻拟建场址区,交通十分便利,场地总体适宜性较好。但是,场址区内有北东向引水灌溉渠穿过,灌溉渠北西和灌溉渠内埋设有输气管道穿,因此,有灌溉渠经过地段要经处理后才能利用;埋有输气管道部位只能作为绿化场地。

## 二、场地工程地质条件及评价

拟建接收站范围内地势有1/3地段起伏不平,场地地面高程99.0～95.0m,地形起伏较大。主要建筑物布置区为一平台,局部人工取土残留的土堤,高出平台1～2m,对建筑物的布置没有影响。但引水灌溉渠对进站输气管道的铺设增加了难度。

场区内覆盖层分布不均匀,一般厚度为1.0～8.0m,最厚为9.8m,总体上是北东薄,南东和南西较厚(图21-3),局部基岩裸露。

土层受人类活动影响变化较大。主要为第四系全新统及上更新统地层。场区内地表耕植土厚0.4～0.6m,多呈可塑和硬塑状;灌溉渠内有极薄的淤泥质黏土,厚0.1～0.3m,多呈软塑状,其性状软弱、压缩性高;下伏第四系上更新统主要为粉质黏土和黏土,含铁锰质②-1粉质黏土中上部呈硬塑—坚硬状,局部呈可塑状,厚1.9～8.0m;中下部分布一层厚度不均的含铁锰质②-2黏土,多呈硬塑状,少量为可塑状;下伏全风化绢云母化千枚岩、片麻岩和板岩,中密状,厚度0.7～6.8m;③-1全风化带岩体风化强烈,岩质软弱,上部1～2m多呈土状。

场区内未见大型滑坡、崩塌、泥石流等不良地质现象。

综上所述,场区总体稳定性较好,未见大的不良物理地质现象,工程地质条件总体较好,适合天然气接收站工程的建设。

拟建场地以整平场地为主,并铺设碎石垫层,整平场地时应将浅表层性状较差的耕植土层

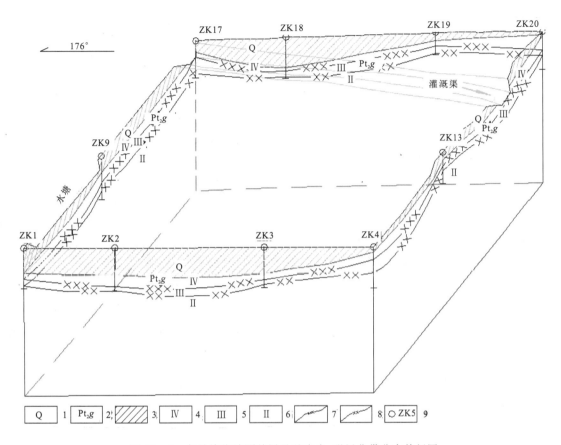

图 21-3 孝昌接收站覆盖层及基岩全、强风化带分布特征图
1.覆盖层；2.中元古界随县群古井组绢云母化千枚岩、片麻岩、板岩；3.粉质黏土及黏土；4.全风化带；
5.强风化带；6.中等风化带；7.全风化与强风化分界线；8.强风化与中等风化分界线；9.钻孔及编号

及灌溉渠中的淤泥质土层挖除。上更新统宜都组粉质黏土层分布较稳定，多呈硬塑—坚硬状，局部为可塑状，性状较好，承载力值较高，对其采取适当处理措施后，可选取该层作为场区内各构筑物的地基。

## 第六节　场址区各建筑地基选择及评价

场址区地面高程一般 99.00～95.0m，总体北西部略高、南东部略低。场区浅表层为耕植土层，厚 0.40～0.60m，多呈可塑—硬塑状，主要分布在场地东南部。以下为上更新统宜都组粉质黏土层、黏土层，性状较均一，其中，上部②-1 深灰色粉质黏土层厚 1.9～8.0m，含铁锰质结核，呈硬塑—坚硬状，局部呈可塑状；中下部为含铁锰质结核②-2 黏土层，厚度不一，厚 0.7～6.8m，多呈可塑状，局部地段含石英砂粒较多，结构密实。下伏基岩为中元古界古井组绢云母化千枚岩、片麻岩、板岩，③-1 全强风化带上部 1.0～2.0m 风化成土，可塑状，结构密实。

地表耕植土层及人工填土，性状差，成分较杂，整平场地时应直接挖除；上更新统宜都组粉质黏土、黏土层分布较广，厚度变化大，多呈硬塑—坚硬状，局部可塑状，性状较好，承载力值较高，根据不同建筑承载要求采取适当处理措施后（如铺设垫层等），可选取该层作为场区内各构筑物的地基基础持力层。

根据设计方案，本工程主要由综合用房（2F）、辅助用房（1F）、工艺装置区、阀门操作区、清管装置等建筑物组成。场区内上部第四系宜都组②-1粉质黏土强度较高，适宜作为本接收站各建筑基础持力层，局部覆盖层较薄处，可选择下伏的中元古界随县群古井组（$Pt_2g$）③-1片麻岩、板岩全风化带作为基础持力层。各建（构）筑物基础开挖后应及时铺设砂石垫层，施工中应采取有效措施，防止基坑（槽）暴晒、泡水，以免地基土因失水或饱水而产生胀缩变形，同时应做好疏、排地表水、地下水设施，避免地基土受水浸泡而使承载力降低。

另外，场址区有灌溉渠穿过，要使场地成为一个整体，必须将引水渠埋设涵管或采用箱涵予以处理。根据地形地质条件和当地自然环境，建议采用涵管较为合适。同时在有输气管道穿过部位应适当采取保护和安全措施，确保输气管道的检修和安全不受影响。

设计可根据建筑物结构类型、荷载性质、地基岩土层分布、承载力等按照"安全使用、经济合理"的原则进行技术、经济比较，合理选取地基基础形式及持力层。

## 第七节 结论与建议

（1）场区位于秦岭褶皱系的南秦岭印支冒地槽褶皱带内复背斜中的大狼山褶皱束，根据《中国地震动参数区划图》（GB 18306—2001），场区地震动峰值加速度为小于0.05g，相应地震基本烈度为Ⅵ度。

（2）场址区地貌分为3部分，即以灌溉渠为界，灌溉渠北西为缓坡，南东侧以平台为主，有利于工程布置。场址区内表层为厚0.4~0.6m耕植土层，局部为淤泥质黏土，人工堆积黏土夹碎石，主要分布在灌溉渠北西侧和灌溉渠两侧边坡上；下部为第四系上更新统宜都组粉质黏土、黏土层，厚0.7~8.0m；基岩为中元古界随县群古井组浅变质岩。

（3）场地的耕植土属软弱土，深灰色、褐黄色含铁锰质结核粉质黏土、黏土均属中硬土，绢云母化千枚岩、片麻岩、板岩风化强烈，呈土状，结构密实，为中硬土，属建筑抗震有利地段。根据相关规范判断：场区建筑场地类别为Ⅱ类。

（4）主要建筑物区地形起伏较小，各土层的分布总体上是北东薄、南西厚，为地质灾害不易激发区，场区内未见大滑坡、崩塌、泥石流等不良地质现象。场地地震基本烈度为Ⅵ度，设计基本地震加速度为0.05g。本工程场地为对建筑抗震有利地段，场地整体稳定性好。

（5）场址区交通十分便利。主要建筑物范围内，地表除了引水渠北穿过整个场区外，无其他地下建（构）筑物及线缆分布，仅场址北西边缘有西气东输二线主管道斜穿而过，场地总体上适宜性较好。

（6）根据室内试验指标判定，场区土、地表、地下水对混凝土结构及混凝土结构中的钢筋均具微腐蚀性；根据视电阻率判定，场区内6.6m以上的土体对钢结构具强—中等腐蚀性。

（7）场区内岩性为深灰色含铁锰质结核粉质黏土、灰黄色含铁锰质结核黏土。

（8）场址区工程地质条件总体较好，不存在较大的工程地质问题，各建（构）筑物基础应选取合理的基础形式,并对地基岩土体采取适当的处理措施。

(9)整平场地时建议将浅表层的耕植土层及淤泥质土层挖除并铺设垫层,或进行夯实压密;建议选择②-1深灰色粉质黏土及③-1片麻岩、板岩全风化带作为各建(构)筑物基础持力层,基础形式可选取条形基础或独立基础,并埋置一定的深度。基础开挖施工过程中应防止基坑(槽)暴晒或泡水。

(10)接收站场址主要建筑物区地势相对高,粉质黏土透水性差,开挖基坑(槽)内应设置排水设施,避免大气降水及生活污水沿开挖地基下渗,致使土体含水量升高,降低地基土的承载力强度,导致建筑物地基基础产生变形破坏。

(11)要利用灌溉渠道空间,使场地形成一个整体。由于二期输气管道已从拟建接收站范围内穿过,加之进气管道也要穿过灌溉渠,建议灌溉渠采用涵管铺设,有利于输气管道的检修和安全。

# 第二十二章 实例11 三峡链子崖 $T_9$ 裂缝变形分析

## 第一节 研究目的与绘图说明

三峡链子崖裂缝多,勘测成果也多,但揭示变形量是如何测出的,有人会认为是测量仪器监测的,在此不作讨论。本章只叙述笔者在和薛果夫教授高级工程师钻链子崖所有的裂缝时,利用硅质岩团块的错位,钻煤洞测到的煤柱及支撑木头的高度,煤层分布和厚度变化等,充分利用二叠系栖霞组灰岩中的硅质条带和硅石团块在裂缝中的对应关系,测量裂缝变形量的工作方法。采用数理统计方法推算裂缝的延伸长度,使宏观判断和量化相结合,提高综合分析能力,这就是制图的目的。

本例是与分析有关的一个实例,在野外工作时,原三峡勘测研究院总工程师在现场,要求笔者将量测的燧石结核变形错位记录要全,包括结核编号、水平方向、垂直方向等观测内容;为了不至于记录漏项和张冠李戴,笔者绘了每一个结核错动的草图,旁边加上三维矢量图,分别记录燧石结核的桩号、变形方位、纵横向位移量,分别在三维矢量图上标注,为回归统计分析$T_9$裂缝延伸长度、分析链子崖危岩体边界条件提供依据,此图的特点是根据二叠系燧石结核的分布,形状、大小较完整地保留在裂缝两壁的相应位置,为研究裂缝的变形特征提供了有利条件。

## 第二节 基本地质条件

链子崖位于兵书宝剑峡出口段长江右岸(图22-1),地处川江航道咽喉,下距宜昌市73km,距三峡坝址27km,属湖北省秭归县。

链子崖危岩体是由58条宽大裂隙切割的分离体,总体积为334万$m^3$。发育在由下二叠统栖霞组($P_1q$)坚硬石灰岩组成的阶梯状陡壁上,底为厚1.8~4.2m的马鞍组($P_1m$)软弱煤系层,岩层斜向上游倾向长江,因煤层开挖和陡壁卸荷等形成。在危岩体的东侧崖下近南北向分布的猴子岭斜坡上。

### 一、地形地貌

链子崖裂缝分布地段,地形为斜坡与陡崖相连,北面为长江河谷。斜坡自上而下分为三级,其中,上面一级斜坡高程为120~350m,总体倾向北,倾角为20°~25°,局部有40°以上,北

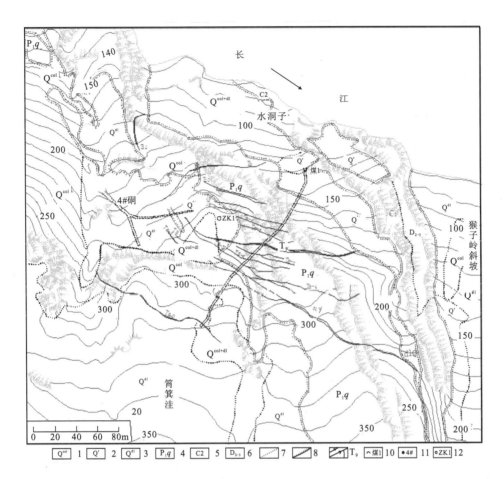

图 22-1 链子崖 $T_9$ 裂缝区地质图

1. 崩积块石；2. 人工堆煤渣；3. 坡积层；4. 二叠系栖霞组；5. 石炭系黄龙组结晶灰岩；6. 写经寺组砂岩、页岩夹铁矿层和云台观组石英砂岩合并；7. 岩性界线；8. 第四系与基岩分界线；9. 裂缝及编号；10. 煤洞及编号；11. 勘探硐及编号；12 钻孔及编号

东临空，有一级高差达 100m 以上的陡崖；中间一级斜坡高程为 80～260m，总体倾向北西，倾角 20°～30°，东侧临空有多级高差在 20m 左右的陡崖；最下面一级程为 70～200m，总体倾向北东，为一弧形洼地，倾角 15°～25°，局部有 30°左右。

## 二、地层岩性

1. 泥盆系（D）

中泥盆统云台观组（$D_2yn$）：肉红色厚层石英砂岩，层间夹有灰黄色薄层泥岩及粉砂岩，底部有 1.6m 厚的灰绿色薄层粉砂岩和灰白色黏土岩。主要出露于链子崖下部（见图 22-1）。

上泥盆统黄家蹬组（$D_3h$）：灰白色厚—中厚层中粗粒石英砂岩，夹灰黄色薄层泥质粉砂，呈透镜体分布；上部夹有 1～2 层褐黄色铁矿层，呈透镜体尖灭。主要出露于链子崖下部。

2. 石炭系（C）

中石炭统黄龙组（$C_2hn$）：为厚层白云岩、灰岩及角砾状灰岩。主要分布在链子崖脚一带。

### 3. 二叠系（P）

下二叠统（$P_1$）：为深灰色厚—巨厚层灰岩，燧石结核灰岩夹页岩、砂岩，底部为煤层，厚度 0.5～1.2m。最厚 4.2m，主要分布在链子崖中下部。

崩塌堆积体（$Q^{col}$）：主要分布在长江及支流岸坡坡脚、陡坎坎脚和冲沟中。为块石、碎石以及岩屑夹土组成，碎块石含量较高，达 60%～70%，厚度不等，结构松散，架空现象严重。链子崖危岩体崩塌堆积的猴子岭斜坡等处体积、厚度较大，其余地段规模一般较小。

坡积层（$Q^{dl}$）：其物质主要为块、碎石及碎石碎屑土。分布于筲箕洼、猴子岭等斜坡上。

人工堆积体（$Q^r$）：主要为开采煤渣夹碎块石，含少量黏性土。结构松散，厚度变化较大，常在煤洞口前面斜坡上及链子崖陡崖下面的斜坡上堆积。

## 三、构造

研究区断层不发育，只有规模较小的断层，走向为北西西，倾角均为陡倾角。$T_9$ 裂缝发育在链子崖危岩体中部区域内，近平行发育有 5 条规模相对较小的裂缝。其中 $T_9$ 延伸最长，张开宽度在陡崖边为 0.65m（无燧石结核），底部下切到煤层（图 22-2）。

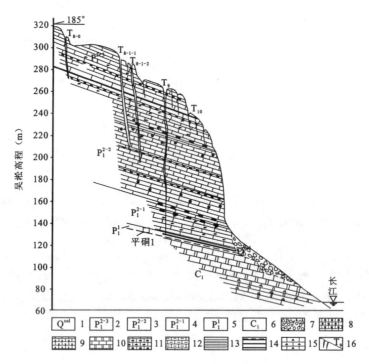

图 22-2　链子崖 $T_9$ 裂缝区地质剖面图

1. 崩积物；2. 二叠系栖霞组灰岩含少量燧石结核；3. 二叠系栖霞组灰岩夹少量碳质页岩；
4. 二叠系栖霞组瘤状含燧石结核灰岩；5. 二叠系马鞍山组页岩、砂岩夹煤层；6. 石炭系黄龙组结晶灰岩；
7. 崩积块石；8. 含燧石结核灰岩；9. 生物碎屑灰岩；10. 灰岩、白云质灰岩；11. 瘤状灰岩；12. 泥质灰岩；
13. 砂岩；14. 页岩、碳质页岩、煤层；15. 结晶灰岩；16. 裂缝及编号

## 第三节 人类活动调查

据调查,在20世纪60—70年代,链子崖底部挖煤较多,其中1号平硐开采时间长,采空面积大,在硐内发现,煤层的变化也大,残留的煤柱高度在40~70cm,最薄的地方只有20cm,用直径10cm的柏木树顶着木板。1989年在硐内调查时,木头的腐烂只是表皮发霉和变黑,树的内面很硬,没有腐烂迹象,压得很紧,用锤敲都敲不掉;留的煤柱呈圆台形,上小下大,有压散的迹象。从这些情况看,停挖时间很长,也反映了上部岩体有向下变形的迹象,但硐内未发现裂缝的踪迹(图22-2)。

## 第四节 裂缝平面延伸长度分析

### 一、数据采集

$T_9$ 缝纵向下为一上宽下窄的"V"字形,平面延伸呈锯齿状,具明显的拉张性质。在链子崖危岩体"七五"攻关期间,笔者曾钻到裂缝内量测燧石结核(硅质结核)变形特征,为研究链子崖区裂缝下切深度、平面延伸收集了第一手资料。在裂缝内自陡崖边向西逐渐变窄,按不同部位、不同深度量测了燧石结核的纵向和水平向三维变形数据(图22-3),坐标采用仪器测量和钢尺量相结合。

### 二、数据分析

在分析 $T_9$ 裂缝延伸长度的过程中,采用了图解和计算两种方法,最后取两者平均值作为成果提交。图解法是将地表沿裂缝测量坐标数据录入在1:100的图上。因地表露头向北西被覆盖,测量数据在图上没有裂缝尖灭点,根据裂缝东宽西窄的特征,将裂缝两边所测点连线,按走向的趋势延伸直到两线相交,此相交点视为裂缝终止端点,量测到裂缝长度为160m。计算法是先将三维坐标点计算出相邻两点间的距离和每个燧石结核拉开的宽度,以陡崖边为起始点,用数理统计中的一元回归方法计算出裂缝长度与宽度的回归方程:

$$Y = -0.0034X + 0.65$$

式中,$Y$ 为裂缝中燧石结核拉开的宽度(m);$X$ 为水平距离(即裂缝长度,m)。按此式算出当裂缝尖灭时,裂缝长度为191m,与图解法相差31m。

### 三、分析与验证

(1)当宽度 $Y=0$ 时,长度为191m,$T_9$ 裂缝向西延伸应穿过 $4^\#$ 平硐,但硐中未发现与 $T_9$ 同性质和走向一致的裂缝,表明 $T_9$ 裂缝未穿过 $4^\#$ 平硐。因此,裂缝长度自陡崖处向西长度应小于191m。

(2)当裂缝向西延伸穿过 $3^\#$ 煤硐时,裂缝与煤硐相交处的长度为80m,硐中量测的宽度为 $Y=0.35$m,按此宽度代入回归方程,裂缝长度应为88m,与相交长度相差8m。勘探平硐和煤

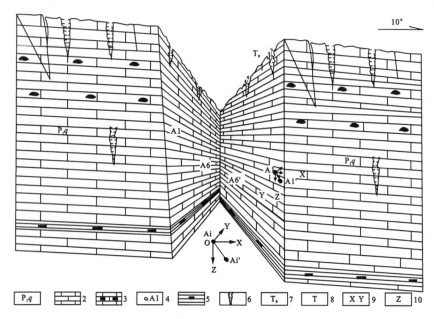

图 22-3　链子崖 $T_9$ 裂缝变形测量分析图

1. 二叠系栖霞组；2. 灰岩；3. 硅质灰岩（燧石层）；4. 硅质团块及编号；5. 煤层；6. 溶沟溶槽；7. 裂缝编号；
　　　　　　8. 次级裂缝及编号；9. 裂缝变形平面坐标；10. 纵向变形坐标

硐揭示的硐宽与长度验证了计算长度大于实际长度，而图解法量测的长度比实际长度短，用回归计算法和图解法两者之平均值为 175.5m，为处理方案安全着想，最终取值为 180m。下切深度只到了二叠系栖霞组底部煤层，这在 $T_9$ 缝中所做的连通试验中得到验证。

# 第五节　结　论

(1) 在调查危岩体的边界时，详细测绘裂缝的平面分布和变形特征，充分利用裂缝中地层岩性的特殊标志量测水平和垂直变形，为计算和分析提供第一手实际资料。

(2) 根据收集的数据采用不同的方法计算和图解裂缝的长度和宽度。实践证明，这种三维测量数据和分析是行之有效的，为设计处理方案提供翔实、可靠的依据。

(3) 检验计算的结果可利用勘探硐、煤硐、钻孔验证计算。在地表覆盖层厚度小于 3m 时，也可以挖坑槽揭露裂缝的延伸情况。

# 参考文献

成都地质学院岩石教研室. 岩石学简明教程[M]. 北京:地质出版社,1978
地震问答编写组. 地震问答[M]. 北京:地质出版社,1976
杜子熊. 中国画入门指南[M]. 上海:上海书画出版社,1988
范晓. 汶川大地震:地下的奥秘[N]. 中国国家地理,2008-06-26
傅承义. 地球十讲[M]. 北京:科学出版社,1976
胡聿贤. 地震安全性评价技术教程[M]. 北京:地震出版社,2003
建筑抗震设计规范(2010版)中华人民共和国国家标准(GB 50011—2010)
孙岩,韩克从. 断裂构造岩带的划分[M]. 北京:科学出版社,1985
瓦尔特·韦德卡. walter wittke rock mechanics[M]. 曾国熙译. 岩石力学. 杭州:浙江大学出版社,1994
吴世泽. 趋势预测/回归分析在渗漏问题研究中的应用[J]. 水利技术监督,2005
武汉测绘学院《测量学》编写组. 测量学[M]. 北京:测绘出版社,1979
夏邦栋. 普通地质学[M]. 北京:地质出版社,1984
徐开礼,朱志澄. 构造地质学[M]. 北京:地质出版社,1984
徐开礼,朱志澄. 构造地质学[M]. 第2版. 北京:地质出版社,1990
薛果夫,满作武. 长江三峡水利枢纽工程地质勘察与研究[M]. 武汉:中国地质大学出版,2008
杨景春. 地貌学教程[M]. 北京:高等教育出版社,1985
姚姚. 地震波场与地震勘探[M]. 北京:地质出版社,2008
张彭熹. 野外地质素描法[M]. 北京:地质出版社,1958
张云湘. 攀西裂谷[M]. 北京:地质出版社,1988
中国科学院数学研究所统计组. 常用数理统计方法[M]. 北京:科学出版社,1979
中华人民共和国水利部. 地震次生灾害与水问题[M]. 北京:中国水利水电出版社,2008
朱莉·艾迪·金. 你也是行家:数码拍摄大全[M]. 南京:江苏科学技术出版社,2005

# 附表和附录

## 附表一 中国年代地层表、地质代号及构造运动

| 界 | 系 | 代号 | 统 | 代号 | 同位素年龄(Ma) | 构造运动（幕） | | 地质事件 |
|---|---|---|---|---|---|---|---|---|
| 新生界 Cz | 第四系 | Q | 全新统 | $Q^4$ | 0.01 | | 喜马拉雅阶段 | 联合古陆解体阶段 |
| | | | 上更新统 | $Q^3$ | | 喜马拉雅运动（晚） | | |
| | | | 中更新统 | $Q^2$ | | | | |
| | | | 下更新统 | $Q^1$ | 2.6 | | | |
| | 新近系 | N | 上新统 | $N_2$ | 5.3 | 喜马拉雅运动（早） | | |
| | | | 中新统 | $N_1$ | 23.3 | | | |
| | 古近系 | E | 渐新统 | $E_3$ | 32 | | | |
| | | | 始新统 | $E_2$ | 56.5 | | | |
| | | | 古新统 | $E_1$ | 65 | | | |
| 中生界 Mz | 白垩系 | K | 上白垩统 | $K_2$ | | 燕山运动（晚） | 燕山阶段 | |
| | | | 下白垩统 | $K_1$ | 137 | 燕山运动（中） | | |
| | 侏罗系 | J | 上侏罗统 | $J_3$ | | | | |
| | | | 中侏罗统 | $J_2$ | | | | |
| | | | 下侏罗统 | $J_1$ | 205 | 燕山运动（早） | | |
| | 三叠系 | T | 上三叠统 | $T_3$ | | 印支运动（晚） | 印支-海西阶段 | 联合古陆形成阶段 |
| | | | 中三叠统 | $T_2$ | | | | |
| | | | 下三叠统 | $T_1$ | 250 | | | |
| 上古生界 $Pz_2$ | 二叠系 | P | 上二叠统 | $P_3$ | | 印支运动（早） | | |
| | | | 中二叠统 | $P_2$ | | | | |
| | | | 下二叠统 | $P_1$ | 295 | | | |
| | 石炭系 | C | 上石炭统 | $C_3$ | | 伊宁运动 | | |
| | | | 中石炭统 | $C_2$ | | | | |
| | | | 下石炭统 | $C_1$ | 354 | | | |
| | 泥盆系 | D | 上泥盆统 | $D_3$ | | 天山运动 | | |
| | | | 中泥盆统 | $D_2$ | | | | |
| | | | 下泥盆统 | $D_1$ | 410 | | | |
| 下古生界 $Pz_1$ | 志留系 | S | 顶志留统 | $S_4$ | | 广西（祁连）运动 | 加里东阶段 | |
| | | | 上志留统 | $S_3$ | | | | |
| | | | 中志留统 | $S_2$ | | | | |
| | | | 下志留统 | $S_1$ | 438 | | | |
| | 奥陶系 | O | 上奥陶统 | $O_3$ | | 古浪运动 | | |
| | | | 中奥陶统 | $O_2$ | | | | |
| | | | 下奥陶统 | $O_1$ | 490 | | | |
| | 寒武系 | $\epsilon$ | 上寒武统 | $\epsilon_3$ | | 兴凯运动 | | |
| | | | 中寒武统 | $\epsilon_2$ | | | | |
| | | | 下寒武统 | $\epsilon_1$ | 543 | | | |
| 新元古界 $Pt_3$ | 震旦系 | Z | 上震旦统 | $Z_2$ | 680 | 晋宁运动（晚） | 吕梁-晋宁阶段 | 板块形成阶段 |
| | | | 下震旦统 | $Z_1$ | | | | |
| | 南华系 | Nh | 上南华统 | $Nh_2$ | 800 | | | |
| | | | 下南华统 | $Nh_1$ | | | | |
| | 青白口系 | Qb | 上青白口统 | $Qb_2$ | 1 000 | 晋宁运动（早） | | |
| | | | 下青白口统 | $Qb_1$ | | | | |
| 中元古界 $Pt_2$ | 蓟县系 | Jx | 上蓟县统 | $Jx_2$ | 1 400 | | | |
| | | | 下蓟县统 | $Jx_1$ | | | | |
| | 长城系 | Ch | 上长城统 | $Ch_2$ | 1 800 | 吕梁（中条）运动 | | |
| | | | 下长城统 | $Ch_1$ | | | | |
| 古元古界 $Pt_1$ | 滹沱系 | | | Ht | 2 500 | | | |
| 新太古界 | | $Ar_3$ | | | 2 800 | 五台运动 | 五台阜平阶段 | 陆核形成阶段 |
| 中太古界 | | $Ar_2$ | | | 3 200 | | | |
| 古太古界 | | $Ar_1$ | | | 3 600 | 阜平运动 | | |
| 始太古界 | | $Ar_0$ | | | | | | |

### 附表二 地层时代表从老到新速记法（夏邦栋，1984）

| 界 | 系 | 三字经 | 顺口溜 | 顺口溜说明 |
|---|---|---|---|---|
| 始太古界 | | 始古中↓ | 四太古界记前称，<br>始古中新好记定。<br>古元古后系分明，<br>滹沱系起要记清。<br>中元古界始长城，<br>蓟县尾随紧着跟。<br>新元古为青白口，<br>南华震旦三系亲。<br>下古生界有寒武，<br>奥陶志留好记定。<br>上古生界记泥盆，<br>石炭二叠划分明。<br>中生界首数三叠，<br>侏罗白垩跟着行。<br>新生界古近新近，<br>熟记四系要认真。<br>边读边看别死记，<br>野外实践辨岩性。 | 四太古界记前称，始古中新好记定。（即四个太古界记前面的字：始、古、中、新太古界） |
| 古太古界 | | | | |
| 中太古界 | | | | |
| 新太古界 | | | | |
| 古元古界 | 滹沱系 | ↓ 新滹长 | | 古元古后系分明，滹沱系起要记清。（即古元古界后地层单位分到系，从滹沱系开始） |
| 中元古界 | 长城系 | | | 中元古界始长城，蓟县尾随紧着跟。（即中元古界有长城系和蓟县系） |
| 中元古界 | 蓟县系 | 蓟青南↓ | | |
| 新元古界 | 青白口系 | | | 新元古为青白口，南华震旦三系亲。（即新元古界有青白口系、南华系、震旦系） |
| 新元古界 | 南华系 | | | |
| 新元古界 | 震旦系 | 震寒奥↓ | | |
| 下古生界 | 寒武系 | | | 下古生界有寒武，奥陶志留好记定。（即下古生界有寒武系、奥陶系、志留系） |
| 下古生界 | 奥陶系 | | | |
| 下古生界 | 志留系 | 志泥石↓ | | |
| 上古生界 | 泥盆系 | | | 上古生界记泥盆，石炭二叠划分明。（即上古生界有泥盆系、石炭系、二叠系） |
| 上古生界 | 石炭系 | | | |
| 上古生界 | 二叠系 | 二三侏 | | |
| 中生界 | 三叠系 | ↓ | | 中生界首数三叠，侏罗白垩跟着行。（即中生界有三叠系、侏罗系、白垩系） |
| 中生界 | 侏罗系 | | | |
| 中生界 | 白垩系 | 白古新↓ | | |
| 新生界 | 古近系 | | | 新生界古近新近，熟记四系要认真。（即中生界有古近系、新近系、第四系） |
| 新生界 | 新近系 | | | |
| 新生界 | 第四系 | 第四系 | | |

**三字经** 始古中 新滹长 蓟青南 震寒奥 志泥石 二三侏 白古新 第四系

说明：三字经、顺口溜任选一种记忆

**附表三　常见岩石种类简表**（瓦尔特·韦德卡，1994）

| 按成因分类 | | 岩石名称 |
|---|---|---|
| 火成岩 | 火山岩 | 浮岩和黑曜岩、流纹岩、粗面岩、安山岩、玄武岩、苦橄榄岩、石英斑岩、斑岩、玢岩、辉绿岩、暗玢岩 |
| | 次侵入岩 | 伟晶岩、纯橄榄岩、辉岩、苦橄玢岩 |
| | 洋成岩 | 花岗岩、正长岩、闪长岩、辉长岩、橄榄岩 |
| 沉积岩 | 碎屑沉积岩 | 火成碎屑沉积岩、火山角砾岩、火山砾岩、凝灰岩、岩屑沉积岩、碎屑岩、角砾岩、页岩、硬砂岩、石英砂岩、长石砂岩、泥岩、黏土岩 |
| | 化学沉积岩 | 白云岩、石灰岩、大理岩、盐岩、钾性盐岩、无水石膏、石膏、燧石、角石 |
| | | 铁质鲕状岩、硅藻土、海绵岩、化石灰岩 |
| | 有机沉积岩 | 泥炭、褐煤、沥青煤、放射虫岩 |
| 变质岩 | 动力变质岩 | 破碎角砾岩、碎裂岩、糜棱岩、千枚糜棱岩、玻状岩、假熔岩 |
| | 接触变质岩 | 长英质岩类、泥质岩类、碳酸盐质岩类、基性岩、镁质岩类 |
| | 区域变质岩 | 板岩、千枚岩、片岩、片麻岩、变粒岩、角闪岩、麻粒岩、榴辉岩、石英岩、大理岩 |

# 附录一 经\纬度之间距离计算

经\纬度之间距离计算:
$$40\ 075.04\text{km}/360° = 111.319\ 55(\text{km})$$
$$111.319\ 55\text{km}/60' = 1.855\ 325\ 8(\text{km}) = 1\ 855.3(\text{m})$$

任意两点距离计算公式:
$$d = 111.12\cos\{1/[\sin\Phi_A\sin\Phi_B + \cos\Phi_A\cos\Phi_B\cos(\lambda_B - \lambda_A)]\}$$

其中,$A$ 点经度、纬度分别为 $\lambda_A$ 和 $\Phi_A$;$B$ 点的经度、纬度分别为 $\lambda_B$ 和 $\Phi_B$;$d$ 为距离。

所以可知每度大概为 111 km。